# LES CARNIVORA DE MADAGASCAR

Steven M. Goodman

Association Vahatra
Antananarivo, Madagascar

2012

Publié par l'Association Vahatra
BP 3972
Antananarivo (101)
Madagascar
edition@vahatra.mg

Editeurs de série : Marie Jeanne Raherilalao et Steven M. Goodman

ISBN 978-2-9538923-3-8

Carte par Herivololona Mbola Rakotondratsimba

Page de couverture et mise en page par Malalarisoa Razafimpahanana

La publication de ce livre a été généreusement financée par des subventions d'Ellis Goodman Family Foundation et du Fond de Partenariat pour les Ecosystèmes Critiques (CEPF).

Imprimerie : Graphoprint
Z. I. Tanjombato, BP 3409, Antananarivo 101, Madagascar
Dépôt légal n° 073/03/2012. Tirage 1.500 ex.

## Objectif de la série de guides de l'Association Vahatra sur la diversité biologique de Madagascar

Au cours des dernières décennies, des progrès énormes ont été réalisés concernant la description et la documentation de la flore et de la faune de Madagascar, des aspects des communautés écologiques ainsi que de l'origine et de la diversification des myriades d'espèces qui peuplent l'île. Nombreuses informations ont été présentées de façon technique et compliquée, dans des articles et ouvrages scientifiques qui ne sont guère accessibles, voire hermétiques à de nombreuses personnes pourtant intéressées par l'histoire naturelle. De plus, ces ouvrages, uniquement disponibles dans certaines librairies spécialisées, coûtent cher et sont souvent écrits en anglais. Des efforts considérables de diffusion de l'information ont également été effectués auprès des élèves des collèges et lycées concernant l'écologie, la conservation et l'histoire naturelle de l'île, par l'intermédiaire de clubs et de journaux tel que *Vintsy*, organisés par WWF-Madagascar. Selon nous, la vulgarisation scientifique est encore trop peu répandue, une lacune qui peut être comblée en fournissant des notions captivantes sans être trop techniques sur la biodiversité extraordinaire de Madagascar. Tel est l'objectif de la présente série où un glossaire définissant les quelques termes techniques écrits en gras dans le texte, est présenté à la fin du livre.

L'Association Vahatra, basée à Antananarivo, a entamé la parution d'une série de guides qui couvrira plusieurs sujets concernant la diversité biologique de Madagascar. Nous sommes vraiment convaincus que pour informer la population malgache sur son patrimoine naturel, et pour contribuer à l'évolution vers une perception plus écologique de l'utilisation des ressources naturelles et à la réalisation effective des projets de conservation, la disponibilité de plus d'ouvrages pédagogiques à des prix raisonnables est primordiale. Nous introduisons par la présente édition le quatrième livre de la série, concernant les Carnivora de Madagascar.

Association Vahatra
Antananarivo, Madagascar
29 février 2012

*Pour les générations précédentes et actuelles de chercheurs qui établissent une base solide d'informations sur les Carnivora malgaches et qui comprennent, parmi tant d'autres, Roland Albignac, Luke Dollar, Zach J. Farris, Brian Gerber, Claire Hawkins, Jana Jeglinski, Mia-Lana Lührs, Matthias Marquard, Germaine Petter, Leon Pierrot Rahajanirina, Daniel Rakotondravony, Emilienne Razafimahatratra, Léon Razafimanantsoa et feu Chris Wozencraft.*

# TABLE DES MATIERES

# PREFACE

Il faut rappeler que Madagascar, en relation avec son relief particulier et sa situation géographique dans la zone intertropicale, à l'Ouest de l'Océan Indien, mais isolée de l'Afrique de l'Est depuis plus de 150 millions d'année, abrite de très nombreux écosystèmes tropicaux originaux : il existe ainsi plusieurs types de forêts humides côtières ou d'altitude, dans l'est et le centre du pays, des forêts sèches dans l'ouest, un bush épineux dans le sud et des savanes graminéennes largement « anthropiques » et de plus en plus étendues, à cause des fortes pressions humaines exercées sur ces milieux naturels.

Mon ami Steve Goodman a déjà édité, avec beaucoup de compétences, plusieurs guides, livres et monographies en français sur la faune de Madagascar ; cette synthèse sur les mammifères Carnivora va nous permettre d'accéder à une information élargie des travaux scientifiques parfois anciens et peu diffusés (mais souvent encore tout à fait actuels !) et ceux, plus récents, qui complètent très avantageusement nos connaissances de ce groupe animal très discret et donc toujours difficile à étudier « in situ ».

Cet ouvrage reprend la systématique de ce groupe, dont 10 espèces sont totalement endémique de Madagascar et qui inclut même deux sous-familles particulières à la Grande Ile : les Euplerinae et Galidinae, toutes rattachées à la famille des Eupleridae. Les autres représentants des Carnivora, présents à Madagascar, ont tous été introduits par l'homme depuis quelques siècles tout au plus : c'est le cas des civettes indiennes, chats sauvages et chiens. Rappelons que ces espèces introduites ne se rencontrent que dans les zones dégradées par l'homme et plus ou moins « savanisées ».

Encore une fois, les Carnivora de Madagascar, comme les autres mammifères de ce pays, apportent des éléments complémentaires convergents pour aider à la compréhension des mécanismes d'évolution en général, et plus spécialement celle concernant les mécanismes de « radiation évolutive » des espèces endémiques présentes sur la Grande Ile ; il existe ainsi une origine monophylétique de ces Carnivora, à partir d'un ancêtre commun venant d'Afrique. Il en découle plusieurs particularités écologiques et comportementales qui caractérisent ces Carnivora malgaches.

- Leurs capacités reproductives sont notamment lentes, puisque leur reproduction est toujours saisonnière et que la plupart des espèces n'ont qu'un seul petit par portée et au mieux une portée par an, à l'exception du *Cryptoprocta ferox*, qui peut avoir jusqu'à quatre petits par portée et par an au maximum.

- Ce sont des prédateurs hautement spécialisés dont la plupart ne se rencontrent que dans des écosystèmes particuliers (soit les forêts humides ou les marais de l'Est pour une majorité d'espèces, soit les forêts sèches de l'Ouest pour un moins grand nombre d'autres espèces, voire même pour certaines espèces qui ne se rencontrent que dans les formations karstiques calcaires de l'Ouest et du Sud de Madagascar, où elles sont inféodées !) ; encore une fois seul le *Cryptoprocta ferox* fait exception puisqu'il occupe toutes les formations forestières naturelles de l'Ile.

- La dégradation des écosystèmes naturels, leur fragmentation, mais aussi les pressions particulières sur ces Carnivora (chasse ou piégeage), accentuent encore cet état de fait sur leur grande fragilité démographique. En effet ces animaux peuvent provoquer des dégâts importants dans les élevages de volailles des villages ruraux, situés à proximité des milieux naturels.

Ces caractères particuliers font que les Carnivora malgaches sont parmi les mammifères les plus vulnérables à l'extinction sur ce « micro continent » qu'est Madagascar.

Nous espérons donc que le présent ouvrage permettra de mieux faire connaitre ces Carnivora, considérés souvent encore de nos jours comme « nuisibles », voire même « dangereux ». Il s'agit de montrer à tous leur grande valeur « patrimoniale », comme représentants de cette faune unique, et de valoriser leur « utilité écologique » comme élément important de fonctionnement des écosystèmes naturels, en tant que « super prédateurs » jouant un rôle essentiel dans les mécanismes d'évolution des espèces dans leur globalité. Merci encore à toi Steve !

Roland ALBIGNAC
Biologie et écologie tropicale
Professeur honoraire des Universités

# REMERCIEMENTS

Ces dernières décennies, un nombre croissant de scientifiques et d'étudiants chercheurs effectuent des recherches sur les mammifères de Madagascar, et plus spécifiquement sur les Carnivora, et grâce aux informations qu'ils ont récoltées, la connaissance sur ces animaux malgaches s'est notamment accrue. A toutes ces personnes, nous exprimons nos sincères remerciements. Nous citons par ordre alphabétique : Roland Albignac, Rahery Andriatsimietry, Adam Britt, Melanie Dammhahn, Luke Dollar, feu Charles Domergue, Will Duckworth, Amy Dunham, Joanna Durbin, John Flynn, Jörg Ganzhorn, Philippe Gaubert, Brian Gerber, Chris Golden, Claire Hawkins, Frank Hawkins, Kris Helgen, Bettine Jansen van Vuuren, Jana Jeglinski, Paula Jenkins, Sarah Karpanty, Frankie Kerridge, Darren Kidney, Olivier Langrand, Mia-Lana Lührs, Sylvain Mahazotahy, Matthias Marquard, Kathleen Muldoon, Rina Nichols, Martin Nicoll, Gustav Peters, Germaine Petter, Mark Pidgeon, Julie Pomerantz, Zoelisoa Rabeantoandro, Paul Racey, Leon Pierrot Rahajanirina, Moritz Rahlfs, Harilala Rakotomanana, William F. Rakotombololona, Félix Rakotondraparany, Daniel Rakotondravony, Fidy Ralainasolo, Rosette Ralisoamalala, Aimé Rasamison, Rodin Rasoloarison, Bernadin Rasolonandrasana, Joelisoa Ratsirarson, Emilienne Razafimahatratra, Léon Razafimanantsoa, Harald Schliemann, Voahangy Soarimalala, Hannah Thomas, Géraldine Veron, Vicki Virkaitis, Anselme T. Volahy, Lance Woolaver, feu Chris Wozencraft et Anne Yoder.

Pendant des années, nous avons réalisé un grand nombre d'inventaires biologiques sur l'île avec Achille P. Raselimanana, Marie Jeanne Raherilalao, Voahangy Soarimalala et Rachel Razafindravao (dit Ledada) et nous les remercions pour leur grande aide. Nous aimerions également exprimer notre reconnaissance à Madagascar National Parks (MNP, ex-ANGAP), à la Direction du Système des Aires Protégées et à la Direction Générale de l'Environnement et des Forêts pour avoir accordé les autorisations de recherche ; notre reconnaissance s'adresse également à Daniel Rakotondravony, Hanta Razafindraibe et à feue Olga Ramilijaona, Département de Biologie Animale, Université d'Antananarivo, Antananarivo, pour leur aimable assistance dans les multiples détails administratifs.

Les travaux de terrain et de recherche à Madagascar ont été généreusement appuyés par le Fond de Partenariat pour les Ecosystèmes Critiques (CEPF), John D. et Catherine T. MacArthur Foundation, National Geographic Society (6637-99 et 7402-03), National Science Foundation (DEB 05-16313), Volkswagen Foundation et les programmes WWF US et WWF Madagascar et océan Indien occidental.

Par ailleurs, une partie de la publication de ce livre n'aurait été possible sans l'aide de différentes institutions et personnes physiques. Nous sommes reconnaissants au Fond de Partenariat pour les Ecosystèmes Critiques (CEPF) de Conservation International pour avoir financé l'édition de ce livre. Le Fond de Partenariat pour les Ecosystèmes Critiques est une initiative conjointe de l'Agence Française de Développement, de Conservation International, du Fonds pour l'Environnement Mondial, du gouvernement du Japon, de la Fondation MacArthur et de la Banque Mondiale, et dont l'objectif principal est de garantir l'engagement de la société civile dans la conservation de la biodiversité. Ensuite, nous sommes reconnaissants à l'Ellis Goodman Family Foundation pour leur appui et pour avoir financé l'édition de ce livre.

Malalarisoa Razafimpahanana s'est occupé de la compilation du livre et nous lui sommes reconnaissants pour son attention méticuleuse aux détails. Nous sommes sincèrement reconnaissants à Elodie Van Lierde qui a énormément contribué à la préparation de ce livre. Nous tenons également à remercier un certain nombre d'autres amis et collègues qui aident dans différents points, surtout Luke Dollar, John Flynn, Lissett Medrano et Richard Young. Nos vifs remerciements s'adressent également à Adam Britt, Melanie Dammhahn, Luke Dollar, Manfred Eberle, Zach J. Farris, Claudia Fichtel, Brian Gerber, Chris Golden, Kristopher Helgen, Jana Jeglinski, Cornelia Kraus, Olivier Langrand, Mia-Lana Lührs, Matthias Markolf, Matthias Marquard, Kathleen M. Muldoon, Erik Patel, Lennart W. Pyritz, Moritz Rahlfs, Achille P. Raselimanana, Andry Ravoahangy, Anna V. Schnöll, Harald Schütz, Voahangy Soarimalala et Thomas Wesener pour nous avoir permis d'utiliser leurs photos et à Roger Lala et Velizar Simeonovski pour leurs dessins qui illustrent ce livre.

Je tiens à remercier ma chère famille, Asmina Gandie et Hesham Goodman, pour leur patience envers un membre de la famille qui participe activement à la recherche. Que ce soit les départs tôt le matin de la maison pour travailler au bureau ou pour les déplacements fréquents sur le terrain ou d'autres obligations, ils m'ont laissé cette liberté qui m'a permis de poursuivre ma passion qu'est la recherche. En outre, je suis reconnaissant au Field Museum of Natural History, où je tiens le poste de « MacArthur Field Biologist », qui m'a laissé la liberté de vivre à Madagascar et de conduire de nombreux projets pour une meilleure compréhension du biote malgache et pour aider les générations à venir de jeunes chercheurs nationaux. Nous aimerions également remercier Dr Roland Albignac pour avoir accepté de composer le préface.

# PRESENTATION DU LIVRE

Ce livre vise une large audience, et bien que nous ayons essayé d'éviter l'utilisation de trop nombreux termes techniques, cela a été inévitable dans certains cas. Les mots ou termes écrits en **gras** dans le texte sont définis dans la section glossaire (partie 3) vers la fin du livre. En outre, étant donné que les noms **vernaculaires** communs en malgache des Carnivora **endémiques** sont très différents selon les dialectes et qu'ils sont inconnus à la fois des scientifiques et des passionnés de la nature, nous les appellerons largement par leurs noms scientifiques. Les noms scientifiques s'écrivent en *italique* lorsqu'ils désignent un organisme au niveau du genre, de l'espèce et de la sous-espèce. De plus, lorsqu'un nom de genre est cité plusieurs fois dans une même phrase ou paragraphe, celui-ci peut être abrégé. Dans le système de **classification** zoologique, une **hiérarchie** nette est établie, afin de refléter l'**histoire évolutive** ou **phylogénie** des organismes, et plus spécifiquement le processus d'**ancêtre**. Ceci est illustré dans le Tableau 1.

Toutes les espèces indigènes (**autochtones**) des Carnivora à Madagascar sont uniques sur l'île et n'existent nulle part ailleurs dans le monde, ces espèces sont alors appelées endémiques. Il existe également un certain nombre d'espèces de Carnivora qui ne sont pas originaires de l'île (**introduits** ou **exotiques**). Notre objectif avec ce livre est de fournir des détails sur l'histoire naturelle des Carnivora malgaches endémiques et introduits. Ici, nous resterons spécifiquement au niveau de la famille des Eupleridae, tel qu'indiqué au Tableau 1. Dans ce livre, nous utilisons une classification récente proposée pour les Carnivora du monde, basée sur une variété de caractéristiques différentes (153). Une partie de ce texte a été adaptée et révisée à partir d'une publication antérieure de l'auteur (59).

**Tableau 1.** Classification **hiérarchique** des Carnivora, avec un exemple précis jusqu'au niveau de la sous-espèce, *Mungotictis decemlineata decemlineata*. Dans le texte, différents termes **taxonomiques** sont utilisés : sp. = espèce et spp. = espèces.

| |
|---|
| Règne – Animalia |
| Embranchement – Chordata |
| Classe – Mammalia |
| Ordre – Carnivora |
| Sous-ordre – Feliformia |
| Famille – Eupleridae |
| Sous-famille – Euplerinae |
| Genre – *Mungotictis* |
| Espèce – *decemlineata* |
| Sous-espèce – *decemlineata* |

Dans la deuxième partie du livre, sous la section sur les espèces autochtones, nous ne présentons pas les cartes de chaque espèce, mais plutôt une description écrite de leur aire de répartition géographique. Nous sommes en train de préparer des cartes de distribution qui figureront dans un futur atlas de la **biodiversité** de Madagascar. Alors que certains lecteurs estiment important de connaître les références scientifiques utilisées pour statuer sur certains points, d'autres peuvent les trouver encombrantes. Afin de trouver un compromis entre ces deux cas, nous utilisons un système de numérotation discret qui cite les études concernées et qui sont ensuite listées dans la partie des références bibliographiques à la fin de ce livre.

## PARTIE 1. INTRODUCTION SUR LES CARNIVORA

### QU'EST CE QU'UN CARNIVORA

Le meilleur moyen pour commencer à définir ce qu'est un **Carnivora** est probablement de faire la distinction entre les animaux qui ont un **régime alimentaire carnivore** et les animaux qui sont classés par les scientifiques comme appartenant au groupe **taxonomique** Carnivora. Un carnivore est un organisme qui consomme de la chair animale (**invertébrés**, **vertébrés** ou **charognes**), soit par **prédation** directe ou par nettoyage des cadavres. Par exemple, tous les organismes suivants sont des **prédateurs** et des carnivores : les plantes qui piègent et digèrent les insectes ; les invertébrés, comme les crabes, qui attrapent des animaux ou mangent les restes ; les oiseaux, y compris les **rapaces** diurnes et les hiboux, qui consomment les vertébrés et les insectes ; et différents mammifères, tels que les lions, les musaraignes, les tenrecs et le cryptoprocte malgache (*Cryptoprocta ferox*), qui attrapent également des vertébrés et invertébrés. Parmi les animaux énumérés ci-dessus, seulement deux, le lion et *Cryptoprocta*, appartiennent à l'ordre des mammifères Carnivora, ils sont carnivorans dans le sens taxonomique du terme. Ainsi, le terme carnivore et Carnivora (carnivoran en tant qu'adjectif) ont des significations très différentes.

L'ordre Carnivora contient un groupe très diversifié d'animaux et le terme est dérivé du latin, *carn* - ce qui signifie « chair » et - *vora* « dévorer ». Cet ordre compte plus de 250 espèces, qui sont naturellement présentes (**autochtones**) ou **introduites** (**exotiques**) dans la plupart des parties du monde. Ils varient en taille, allant de la belette (*Mustela nivalis*, famille des Mustelidae), originaire d'Europe, d'Amérique du Nord et d'Afrique du Nord, les adultes pesant environ 25 g, à l'ours blanc (*Ursus maritimus*, famille des Ursidae), trouvés dans certaines parties du cercle polaire arctique, pouvant peser jusqu'à 1 000 kg. Le plus lourd jamais enregistré est l'éléphant de mer du sud (*Mirounga leonina*, famille des Phocidae), les mâles adultes peuvent atteindre 5 000 kg !

La plupart des Carnivora vivent sur le sol (**terrestre**), bien que certaines espèces passent une partie de leur vie sur les arbres (**arboricoles**) ou dans les hautes herbes. La plupart des espèces ont de longues griffes effilées qu'elles peuvent utiliser pour piéger et maîtriser leurs **proies**. En outre, la grande majorité des **taxa** ont des dents bien développées, notamment de longues canines souvent pointues, suivi par des prémolaires et des molaires ; dans de nombreux cas, ces dents ont des arêtes vives tranchantes comme des couteaux (**carnassière**) qui aident les animaux à cisailler et déchiqueter la chair de leurs proies (voir p. 78). La plupart des Carnivora ont quatre ou cinq doigts (orteils) sur chaque patte, avec le premier doigt des pattes antérieures de taille réduite ou complètement absent. Plusieurs espèces ont le corps couvert de fourrure et ont des queues de différentes longueurs, bien que certains, surtout ceux qui vivent dans la mer, sont sans queue.

A Madagascar, il existe 13 espèces de Carnivora, y compris les animaux qui sont autochtones et introduits (Tableau 2). Parmi eux, 10 sont **endémiques** à Madagascar, ce qui veut dire qu'ils sont inconnus partout ailleurs dans le monde, et sont maintenant placés dans la famille des Eupleridae qui n'existe que sur l'île. **L'histoire évolutive** de ces Carnivora endémiques est assez extraordinaire et est discutée en détail ci-dessous (voir p. 21). Les trois autres espèces qui ont été introduites à Madagascar par les humains sont les chiens (*Canis lupus*), les chats (*Felis silvestris*) et la civette indienne (*Viverricula indica*).

Comme les membres des Eupleridae sont largement **sylvicoles**, ils sont majoritairement inconnus par des

**Tableau 2.** Liste des **Carnivora** vivant à Madagascar. Les espèces marquées d'un astérisque (*) ont été **introduites** à Madagascar. Les noms et les dates suivant chaque nom scientifique est l'auteur(s) qui a décrit l'animal et la date de publication. Des synonymes (syn.) sont également donnés pour certaines espèces, ils représentent les noms scientifiques utilisés précédemment dans la littérature mais qui sont maintenant considérés comme représentant le même **taxon**. Codes pour les statuts de conservation : EN – Espèce en danger, NE – Espèce non évaluée, NT – Espèce quasi-menacée, LC – Espèce à préoccupation mineure, VU – Espèce vulnérable (après 85).

| Taxonomie | Statut de conservation | Nom vernaculaire |
|---|---|---|
| Ordre Carnivora | | |
| Famille Canidae | | |
| *Canis lupus* Linnaeus, 1758<br>syn. *Canis familiaris* Linnaeus, 1758 | -- | *alika, amboa, kivay* |
| Famille Felidae | | |
| *Felis silvestris* Schreber, 1775<br>syn. *Felis domesticus* Erxleben, 1777 | -- | *ampaha, kary, piso, saka* |
| Famille Eupleridae | | |
| Sous-famille Euplerinae | | |
| *Cryptoprocta ferox* Bennett, 1833<br>syn. *Cryptoprocta typicus* A. Smith, 1834 | VU | *fosa, fosa varika, kintsala, tratraka, viro* |
| *Eupleres goudotii* Doyère, 1835 | NT | *amboa laolo, ridarida, fanaloka* (également utilisé pour *Fossa*) |
| *Eupleres major* Lavauden,1929<br>syn. *Eupleres goudotii major* Albignac, 1973 | NE | *fanaloka* |
| *Fossa fossana* (Müller, 1776)<br>syn. *Viverra fossa* Schreber, 1777<br>syn. *Fossa daubentonii* J. E. Gray, 1864<br>syn. *Fossa majori* Dollman, 1909 | NT | *teza, tombokatosody, tambosadina, tomkasodina, kavahy, fanaloka* (également utilisé pour *Eupleres*) |
| Sous-famille Galidinae | | |
| *Galidia elegans* I. Geoffroy Saint-Hilaire, 1837 | LC | *kokia, vontsira, vontsika, vontsira mena* |

| Taxonomie | Statut de conservation | Nom vernaculaire |
|---|---|---|
| *Galidictis fasciata* (Gmelin, 1788)<br>syn. *Galidictis eximius* R. I. Pocock, 1915<br>syn. *Galidictis striata* I. Geoffroy Saint-Hilaire, 1839 | NT | *bakiaka belemboka, bakiaka betanimena, vontsira fotsy* |
| *Galidictis grandidieri* Wozencraft, 1986 | EN | *votsotsoke* |
| *Mungotictis decemlineata* (A. Grandidier, 1867)<br>syn. *Mungotictis lineata* R. I. Pocock, 1915<br>syn. *Mungotictis substriatus* R. I. Pocock, 1915 | VU | *boky, boky-boky* |
| *Salanoia concolor* (I. Geoffroy Saint-Hilaire, 1837)<br>syn. *Galidia concolor* I. Geoffroy Saint-Hilaire, 1839<br>syn. *Galidia olivacea* I. Geoffroy Saint-Hilaire, 1839<br>syn. *Galidia unicolor* I. Geoffroy Saint-Hilaire, 1837<br>syn. *Hemigalidia concolor* St. G. Mivart, 1882 | VU | *salano, tabiboala, vontsira boko, fanaloka* (également utilisé pour d'autres genres d'euplerids) |
| *Salanoia durrelli* Durban *et al.*, 2010 | NE | *vontsira* |
| Famille Viverridae | | |
| Sous-famille Viverrinae | | |
| *Viverricula indica* Desmarest, 1804<br>syn. Viverra rasse Horsfield, 1821<br>syn. *Viverra schlegeli* Pollen, 1866 | -- | *alazy, atamba, halaza, jaboady, telofory, zabada, zaboady* |

personnes vivant dans les zones urbaines. Tandis que dans les zones rurales, en particulier près de la forêt, la plupart des Malgaches ont entendu des histoires du légendaire *Cryptoprocta ferox* ou *fosa* comme il est connu en malgache. Il a la sale réputation d'être féroce et de s'en prendre aux poulets des villages. Pour ceux qui résident dans des zones plus urbaines, le film récent « Madagascar » produit par « Dream Works » a également présenté le *fosa* au monde, mais d'une manière plutôt fantastique.

Comme expliqué dans ce livre, les Carnivora endémiques de Madagascar sont des animaux uniques sur notre planète, avec certains aspects extraordinaires de leur **histoire**

**naturelle** et de leur **évolution**. Ils font partie intégrante du **patrimoine naturel** du peuple malgache. En revanche, les trois espèces introduites vivent essentiellement en association étroite avec les humains ou dans des habitats fortement perturbés. Les chiens et les chats vivent alors comme des animaux **domestiques** (**animaux de compagnie**) ou ont retournés à l'état sauvage (**marronnage**) dans les forêts et les habitats ouverts de l'île, tandis que *Viverricula indica* n'est connu qu'à l'état sauvage.

Les membres de la famille des Eupleridae sont des Carnivora de petite à moyenne taille avec des caractéristiques extérieures telles que la forme de la tête allant d'allongée et

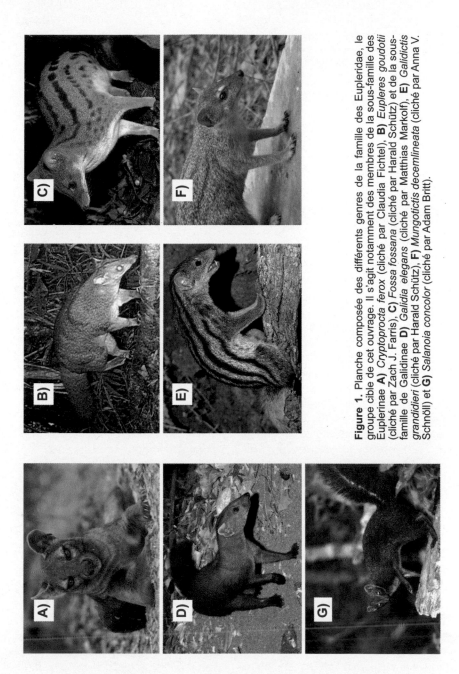

**Figure 1.** Planche composée des différents genres de la famille des Eupleridae, le groupe cible de cet ouvrage. Il s'agit notamment des membres de la sous-famille des Euplerinae **A)** *Cryptoprocta ferox* (cliché par Claudia Fichtel), **B)** *Eupleres goudotii* (cliché par Zach J. Farris), **C)** *Fossa fossana* (cliché par Harald Schütz) et de la sous-famille de Galidinae **D)** *Galidia elegans* (cliché par Matthias Markolf), **E)** *Galidictis grandidieri* (cliché par Harald Schütz), **F)** *Mungotictis decemlineata* (cliché par Anna V. Schnöll) et **G)** *Salanoia concolor* (cliché par Adam Britt).

angulaire à plate et arrondie (Figure 1). La plupart des espèces ont des yeux de taille moyenne, un corps allongé, et des pattes courtes ou de longueur moyenne. Ils varient en taille allant du plus petit Eupleridae (*Mungotictis decemlineata*) d'une longueur totale de moins de 50 cm à la plus grande espèce d'une longueur totale d'environ 150 cm (*Cryptoprocta ferox*). Comme mentionné précédemment, ils sont largement limités aux formations de végétation naturelle, y compris les forêts **caducifoliées** ou sèches de l'Ouest, **sempervirente** ou humide de l'Est et du **bush épineux** du Sud-ouest.

Certaines espèces ont des aires de distribution particulièrement larges et sont présentes dans une grande variété de ces habitats forestiers. Peut-être le meilleur exemple est *C. ferox*, qui est connu dans ces trois formations forestières et à des altitudes qui vont du niveau de la mer aux plus hauts sommets de l'île (+2 300 m). D'autres espèces ont des aires géographiques très limitées. Un des meilleurs exemples est *Salanoia durrelli*, récemment décrit, qui n'est connu que sur les rivages du Lac Alaotra (37).

La première espèce décrite dans cette famille, maintenant reconnue comme Eupleridae, fut *Viverra Fossana* Müller, 1776 [= *Fossa fossana*], suivie par *Viverra fasciata* Gmelin, 1788 [= *Galidictis fasciata*]. Par la suite, des **spécimens** de Madagascar sont arrivés dans les musées d'histoire naturelle d'Europe de l'ouest, quatre des huit autres espèces vivantes ont été nommées dans la première moitié du 19<sup>ème</sup> siècle et une dans la seconde moitié. Les membres les plus récemment décrits de cette famille comprennent *Eupleres major* en 1929 (99), *Galidictis grandidieri* en 1986 (151, 152) et *Salanoia durrelli* en 2010 (37).

La description d'une nouvelle espèce de Carnivora est un événement rare et le fait que deux aient été nommées à Madagascar au cours des 25 dernières années est une indication claire que la faune malgache est mal connue. Afin de comprendre l'origine des Carnivora et l'**histoire évolutive** des Eupleridae, plus précisément quand et comment ils sont arrivés à Madagascar, il est nécessaire de commencer loin dans le **temps géologique**.

## L'HISTOIRE GEOLOGIQUE DE MADAGASCAR

L'une des principales raisons pour lesquelles le **biote** de Madagascar est si unique, par rapport à n'importe quelle autre île tropicale du monde, est son histoire géologique. Son niveau élevé d'**endémisme**, c'est-à-dire les organismes uniques à l'île et ne se trouvant nulle part ailleurs sur notre planète, est relatif à l'isolement de Madagascar des autres continents et ceci depuis la nuit des temps. Cette section est par conséquent fournie pour expliquer l'histoire géologique de Madagascar, par rapport à d'autres continents, à travers une période de **temps géologique** considérable.

Certaines formations de roche à Madagascar sont parmi les plus anciennes au monde, datant de plus de 3 200 millions d'années, ce qui en fait l'une des plus anciennes masses continentales existantes. Cependant, l'île n'a pas toujours été isolée dans le Canal du Mozambique (27). La meilleure étape sur l'échelle du temps pour commencer est avec le Supercontinent du **Gondwana**, qui comprenait l'Amérique du Sud, l'Afrique, Madagascar, l'Antarctique, l'Inde et l'Australie. Le Gondwana est resté un continent unique très stable jusqu'à environ 150 millions d'années, lorsque les mouvements de la terre (**tectoniques**) ont commencé (Figure 2).

Pour mettre cela en perspective, 150 millions d'années se situent dans la partie médiane du Mésozoïque, et plus précisément pendant la période Jurassique (Figure 3), qui était l'ère des dinosaures. Un point essentiel est que cette période s'est déroulée bien avant que beaucoup de groupes modernes de plantes et d'animaux (biote) qui vivent à Madagascar aujourd'hui ou dans le reste du monde, n'évoluent. Par conséquent, ils ne pouvaient pas avoir « flotté » avec la séparation de Madagascar du reste du Gondwana, mais ils ont trouvé leur chemin vers l'île bien plus tard dans le temps géologique. Chez les Carnivora incapables de voler, le seul moyen pour eux de **coloniser** Madagascar était de traverser de grandes distances dans l'eau en nageant ou sur une sorte de radeau flottant.

Lorsque l'île de Madagascar s'est détachée du Gondwana, l'Inde y était encore attachée et cette masse est souvent désignée comme l'Indo-Madagascar. Cette dernière a obtenu sa position approximative actuelle il y a environ 130 à 120 millions d'années, et il y a environ 80 millions d'années, l'Inde s'est séparée de Madagascar et a commencé à se déplacer vers le nord jusqu'à ce qu'elle entre en collision avec une masse qui est maintenant l'Asie moderne.

Les premiers **fossiles** connus de Carnivora datent de la fin du Paléocène en Amérique du nord, soit il y a environ 42 millions d'années (118). D'autres estimations, également du Paléocène, considèrent les premiers Carnivora datant de 55 millions d'années. En l'Eocène moyen il y avait déjà une certaine **diversification** notable des membres de Carnivora ou le **groupe sœur** de cet ordre (Figure 4, 42). Ce qui est crucial à propos de ces dates est que Madagascar était déjà complètement isolée du Gondwana, ainsi que de l'Inde, lorsque les Carnivora sont apparus dans les archives fossiles. Dans ce cas, le seul moyen pour l'**ancêtre** des Eupleridae d'atteindre Madagascar et de coloniser l'île était donc de traverser de vastes étendues d'eau qui séparaient à l'époque ce qu'on appelle maintenant l'Afrique et l'Asie. La façon dont les animaux non-volants ont pu survivre à un tel voyage et à coloniser les îles océaniques éloignées reste encore un grand mystère. Il nous faut supposer que cet évènement était rare et n'a pu avoir lieu que dans des circonstances idéales qui ont permis la nage ou la traversée sur une sorte de radeau flottant (voir p. 21).

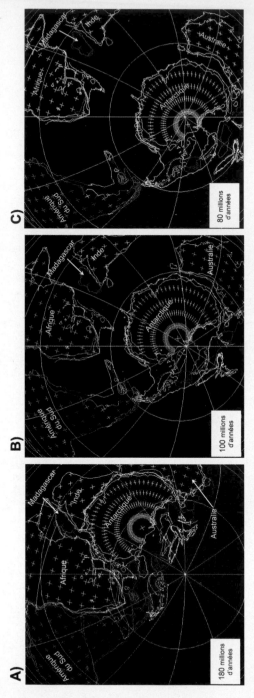

**Figure 2.** Au cours des derniers 150 millions d'années, la position de Madagascar par rapport aux autres continents a radicalement changée et il y a environ 80 millions d'années, elle a été isolée dans l'océan Indien occidental. La séquence majeure d'événements inclut : **A)** l'existence du Supercontinent du **Gondwana** qui comprenait l'Amérique du Sud, l'Afrique, Madagascar, l'Antarctique, l'Inde et l'Australie ; **B)** la rupture ultérieure du Gondwana et la séparation des connexions terrestres entre ses anciennes unités, y compris Indo-Madagascar ; **C)** Madagascar était arrivé à sa position actuelle et la séparation de Madagascar de l'Inde. (D'après http://aast.my100megs.com/plate_tectonics/files/images. htm)

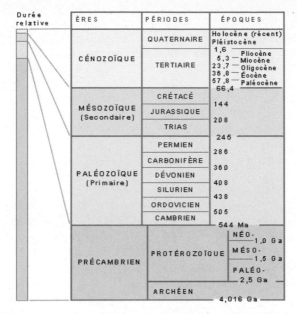

| Durée relative | ÈRES | PÉRIODES | ÉPOQUES | |
|---|---|---|---|---|
| | CÉNOZOÏQUE | QUATERNAIRE | Holocène (récent) Pléistocène | |
| | | | 1,6 | |
| | | TERTIAIRE | 5,3 | Pliocène |
| | | | 23,7 | Miocène |
| | | | 36,8 | Oligocène |
| | | | 57,8 | Éocène |
| | | | 66,4 | Paléocène |
| | MÉSOZOÏQUE (Secondaire) | CRÉTACÉ | 144 | |
| | | JURASSIQUE | 208 | |
| | | TRIAS | 245 | |
| | PALÉOZOÏQUE (Primaire) | PERMIEN | 286 | |
| | | CARBONIFÈRE | 360 | |
| | | DÉVONIEN | 408 | |
| | | SILURIEN | 438 | |
| | | ORDOVICIEN | 505 | |
| | | CAMBRIEN | 544 Ma | |
| | PRÉCAMBRIEN | PROTÉROZOÏQUE | NÉO- 1,0 Ga | |
| | | | MÉSO- 1,5 Ga | |
| | | | PALÉO- 2,5 Ga | |
| | | ARCHÉEN | 4,016 Ga | |

**Figure 3.** Echelle du temps de différentes périodes géologiques associées avec l'histoire de la **colonisation** des Carnivora de Madagascar. (Téléchargé de www.ggl-ulaval.ca/personnel/bourque)

**Figure 4.** Crâne et mâchoire de *Vulpavus profectus*, un membre de la famille éteinte des Miacidae datant de l'Eocène moyen. (Après 107.)

## L'HISTOIRE DES CARNIVORA A MADAGASCAR

Afin d'avoir une meilleure compréhension du moment où l'**ancêtre** des Eupleridae est arrivé à Madagascar ainsi que les aspects de leur **morphologie**, les restes **fossiles** de ces animaux sont essentiels. Sur la base des caractères différents qui peuvent être observés à partir de fossiles, il est possible de comprendre les changements dans la morphologie à travers le temps et par la suite les aspects de leur **évolution**. Même si un certain nombre de gisements fossiles ont été trouvés à Madagascar contenant des os d'animaux anciens, il y a une absence de fossiles de près de 80 millions d'années entre les périodes du Crétacé récent et du Pléistocène récent (Figure 3).

Etant donné que les premiers Carnivora apparurent dans le registre fossile après le Crétacé (voir p. 13), cette période de 80 millions d'années correspond à l'évolution des ces animaux dans le **Nouveau Monde**, ils ont sans doute pu arriver dans l'**Ancien Monde** et franchir d'importantes barrières d'eau pour arriver à Madagascar plusieurs millions d'années après. Ainsi, étant donné cette lacune pendant une époque fondamentale de l'évolution des Carnivora à Madagascar, il est actuellement impossible d'utiliser des preuves fossiles afin de discerner la période géologique de la **colonisation** de l'île. Ce qui sera essentiel pour résoudre ce problème est la découverte de gisements de fossiles de Carnivora **terrestres** datant du Cénozoïque, et plus précisément du Tertiaire. Une fois que de tels dépôts seront découverts

à Madagascar et avec du matériel des Carnivora sous la main, cela devrait donner un bon aperçu de la période où ils sont arrivés sur l'île ainsi que les différents aspects de leur évolution. En attendant, les études de **génétique moléculaire** nous donnent un aperçu de la période à laquelle l'ancêtre des Eupleridae est arrivé à Madagascar, ceci est discuté en détail ci-dessous (voir p. 31).

Des restes d'os de Carnivora datant du Quaternaire ont été découverts à Madagascar (Figures 5 à 7), plus précisément de la fin du Pléistocène et de l'Holocène dans des sites **paléontologiques** ou **archéologiques** ; dans ce dernier cas, ces ossements sont associés avec les humains. Toutefois, ces restes ne sont pas remplacés par de la pierre (fossilisés), mais ils sont conservés à l'état os, sans aucune sorte de **minéralisation**. Le plus vieux **subfossile** de Madagascar n'a probablement pas plus de 20 000 ans et est donc géologiquement très récent, littéralement vieux de quelques secondes par rapport à l'échelle des **temps géologiques** de l'éclatement du **Gondwana** ou de l'apparition des premiers Carnivora dans les archives fossiles.

Le nombre de Carnivora subfossiles disponibles est assez limité en ce qui concerne les espèces identifiées. En outre, étant donné que ces restes sont géologiquement très récents, ils ne permettent pas une reconstruction claire du moment où les groupes de Carnivora ont colonisé l'île. Mais, ils offrent des aperçus intéressants sur les **extinctions** récentes et les changements dans la distribution de certaines espèces actuelles. Plutôt que de passer par de nombreux détails sur l'ensemble des groupes récupérés dans les sites archéologiques et paléontologiques, nous présentons un bref résumé ci-dessous des espèces identifiées à partir de ces restes subfossiles.

## Ordre des Eupleridae
### Sous-famille des Galidinae

*Galidia elegans* – Les restes **subfossiles** correspondant à cette espèce ont été trouvés dans la grotte d'Ankilitelo, au nord de Toliara (Figure 5, 110). Cette espèce se trouve actuellement dans la plupart des forêts **sempervirentes** (humide) et **caducifoliée** (sèche) de l'Est, du Nord et du Nord-ouest de Madagascar (voir p. 106). Ses limites sud actuellement connues à l'ouest est le Parc National de Bemaraha, quelques 375 km au nord de la grotte d'Ankilitelo. La présence d'ossements de *G. elegans* dans la grotte, datant de l'Holocène supérieur, indique que cette espèce avait jusqu'à récemment une plus large répartition géographique. Ce changement est probablement lié à l'assèchement (**dessiccation**) du Sud-ouest de Madagascar résultant des changements climatiques naturels au cours de l'Holocène (18, 62).

*Galidictis grandidieri* – Des restes d'ossements de cette espèce ont été trouvés dans la grotte d'Ankilitelo, au nord de Toliara (Figure 6, 110). *Galidictis grandidieri* n'est actuellement connu que le long de la partie du sud du Plateau Mahafaly, de la rivière Onilahy jusqu'à Itampolo (voir p. 115). Ainsi, dans des **temps géologiques** récents, elle avait une distribution s'étendant au moins à 125 km au nord de sa répartition actuelle.

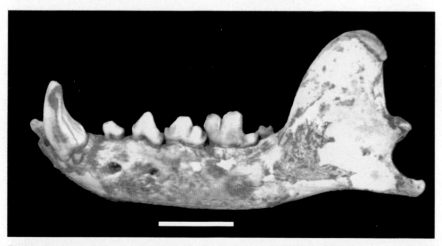

**Figure 5.** Vue latérale d'une mandibule de *Galidia elegans* récupérées des gisements de la grotte d'Ankilitelo, au nord de Toliara. La limite nord de l'aire actuelle de cette espèce est d'environ 375 km au nord de la grotte, ce qui indique des changements récents dans sa distribution. (Cliché par Kathleen M. Muldoon.)

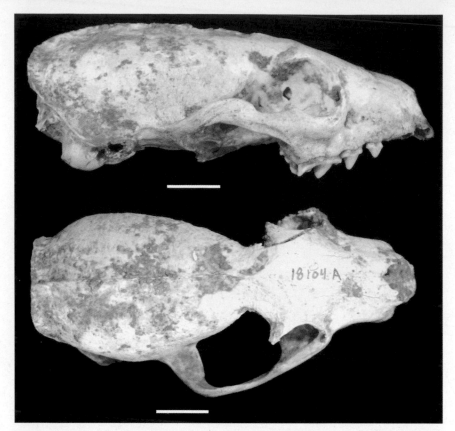

**Figure 6**. Vues latérale et dorsale d'un crâne presque intact de *Galidictis grandidieri* récupéré des gisements de la grotte d'Ankilitelo, au nord de Toliara. La limite nord de l'aire de répartition actuelle de cette espèce est d'environ 125 km au sud. Ces vestiges datent de l'Holocène supérieur, ce qui indique que la distribution de *G. grandidieri* a été considérablement réduite dans les **temps géologiques** récents, probablement lié aux changements climatiques naturels. (Cliché par Kathleen M. Muldoon.)

Lamberton (96) a mentionné les restes de *Galidictis* sp. dans les dépôts **subfossiles** de la grotte d'Ankazoabo, pas loin de Itampolo. Ce spécimen se trouve actuellement dans les collections du Département de Paléontologie de l'Université d'Antananarivo, et on peut l'attribué à *G. grandidieri* (55).

Du matériel osseux provisoirement attribué à cette espèce a été identifié sur le site **archéologique** d'Andranosoa, à environ 120 km à vol d'oiseau à l'est d'Itampolo, et datant du 13ème jusqu'au 14ème ou 17ème siècle (126). L'habitat environnant d'Andranosoa est particulièrement différent de celui utilisé par cette espèce le long du Plateau Mahafaly, et si l'identification est correcte, il n'est pas exclu que les humains l'auraient transporté sur le site. D'autre part, le recherche récent a montré que cette espèce se trouve à l'est du Plateau Mahafaly (105), et dans un passé récent, il est probable que sa répartition s'étendait à la région d'Andranosoa.

*Mungotictis decemlineata* – Les dépôts **subfossiles** de la grotte d'Ankilitelo, au nord de Toliara, ont contenu des restes crâniens et dentaires de *Mungotictis decemlineata* (110). Cette espèce se trouve encore dans la forêt de Mikea à proximité immédiate de la rivière Manambo (69). Ainsi, à partir de ces comparaisons, aucun changement majeur de distribution n'a eu lieu pour cette espèce au cours des **temps géologiques** récents.

### Sous-famille des Euplerinae

*Cryptoprocta antamba* – Parmi les restes de *Cryptoprocta* **subfossiles** étudiés par Charles Lamberton, se trouve une mandibule récoltée à Tsiandroina qui avait une forme nettement différente, qu'il a nommée *C. antamba* (95). Le nom *antamba* est dérivé d'un animal légendaire vivant dans le sud de Madagascar et décrit par Flacourt en 1658 (41, p. 221). « C'est une bête grande comme un grand chien qui a la tête ronde et au rapport des Nègres, elle a la ressemblance d'un léopard, elle dévore les hommes et les veaux. Elle est rare et ne demeure que dans les lieux des montagnes les moins fréquentées. » Dans une étude récente des matériaux subfossiles de *Cryptoprocta*, le spécimen de Tsiandroina n'a pas été localisé, mais il pourrait représenter un individu malformé (**tératologique**) de *C. spelea* (voir ci-dessous ; 68).

*Cryptoprocta ferox* – Dans plusieurs sites, des os de *Cryptoprocta ferox* et *C. spelea* ont été récupérés dans les mêmes gisements, la première espèce étant de petite taille (Figure 7). Il n'est pas certain que les deux espèces ont cohabité (**sympatriques**) dans les zones autour de ces sites durant la même période (voir *C. spelea* ci-dessous). Les restes de *C. ferox* ont été identifiés dans de nombreux sites **paléontologiques** et **archéologiques** (21, 68, 103, 110, 147). Dans le cas des sites archéologiques, les restes représentent probablement des individus qui ont été soit tués en chassant des animaux **domestiques**, tels que du bétail ou de la volaille, puis déposés dans une fosse à ordures ou soit chassés et consommés par la population locale. Le site de Rezoky, au Nord d'Ankazoabo-Sud, correspond à un ancien village qui date du 13ème au 15ème siècle (26, 147). Plusieurs spécimens osseux de *C. ferox* ont été identifiés dans les différents sondages faits à Rezoky (126). Les Rezokiens étaient des pasteurs et possédaient de nombreux bovidés qu'ils consommaient et ils pratiquaient la chasse aux *C. ferox* (147). Ainsi, la persécution des hommes sur cette espèce de Carnivora a existé pendant des siècles.

*Cryptoprocta spelea* – Guillaume Grandidier a examiné les restes **subfossiles** de *Cryptoprocta* récupérés sur les sites d'Ambolisatra au Nord de Toliara et de la grotte d'Andrahomana à l'Ouest de Tolagnaro (73, 74). Plusieurs de ces spécimens, probablement datant de l'Holocène, sont notamment de plus grande taille que les spécimens récents de *C. ferox* et il les a nommés comme étant une nouvelle « variété » de *C. ferox* var. *spelea* (Figure 7). Par la suite, il a été conclu que, plutôt que de considérer ce **taxon** comme une forme de *C. ferox*, il était préférable de reconnaître *spelea* comme étant une espèce à part entière, qui est maintenant éteinte (68, 116).

Sur la base des restes subfossiles actuels, *C. spelea* a été identifié sur de nombreux sites à partir de Lakaton'ny Akanga dans l'extrême nord, près d'Antsiranana, le long de la partie ouest de Madagascar, à ceux à l'extrémité sud de l'île ; cette espèce a aussi été trouvée dans les Hautes Terres centrales à Antsirabe (68, 95). A Ankarana, Antsirabe,

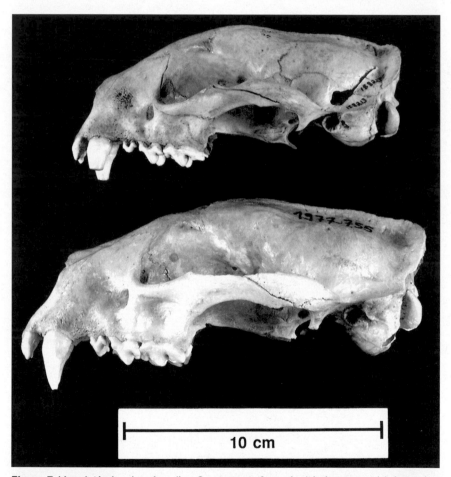

**Figure 7.** Vues latérales du crâne d'un *Cryptoprocta ferox* récolté récemment (ci-dessus) et un **subfossile** de *C. spelea* (ci-dessous). Le spécimen de *C. ferox* a été recueilli à Manakara en 1931 et est parmi les plus grands individus modernes examiné de cette espèce. Ainsi, on peut voir que *C. spelea* était bien plus grand que l'actuel *C. ferox*. (D'après 68.)

Beavoha, Beloha, Belo-sur-Mer et Manombo (Toliara), *C. ferox* et *C. spelea* sont tous deux présents parmi les subfossiles excavés. Toutefois, en raison du manque de contrôle **stratigraphique** des fouilles sur les différents sites et de l'absence de datation **radiocarbone** sur ces restes osseux, il n'est pas possible de vérifier si les deux espèces ont coexisté (**temporellement sympatriques**).

Le plus grand **prédateur** vivant à Madagascar est *C. ferox*, qui est capable d'attraper des **proies** jusqu'à environ 6 kg (voir p. 45). *Cryptoprocta spelea* était 30% plus grand que *C. ferox* (68). Basé sur cette extrapolation, *C. spelea* a probablement été capable de chasser des animaux de près de 10 kg, ce qui aurait inclus de nombreuses espèces de lémuriens aujourd'hui disparues. Un type proie possible de *C. spelea* aurait été *Pachylemur insignis*, une espèce de lémurien disparu de nos jours, connu grâce aux fouilles dans le Sud-ouest (Figure 8). L'**extinction** de ces différents lémuriens, qui vraisemblablement étaient des proies importantes pour ce grand prédateur, a probablement eu un impact important sur les populations de ce Carnivora et vraisemblablement associé à son extinction.

*Fossa fossana* – Les restes osseux identifiés comme étant « *Viverra fosa alluaudi* » ont été exhumés de la grotte d'Andrahomana, à l'ouest de Tolagnaro (73, 74, Figure 9). Une des plus anciennes collections d'os du site de la grotte d'Andrahomana renvoyée à Paris a été découverte par Charles Alluaud et ce nom, maintenant considéré comme un synonyme de *Fossa fossana*, a été donné en son honneur. De plus, les restes provisoirement identifiés comme ceux de *F. fossana* ont été identifiés dans la grotte d'Anjohibe, au nord de Mahajanga (20), ce qui représenterait pour cette espèce une extension de répartition importante vers le sud, par rapport à la distribution actuellement connue (voir p. 100).

## EVOLUTION DES EUPLERIDAE

Cette famille de 10 espèces actuelles est limitée à Madagascar (Tableau 2), elle comprend l'ensemble des Carnivora indigènes de l'île (**autochtones**), et a eu une histoire **taxonomique** variée et complexe. Basées sur les **classifications** précédentes, ces différentes espèces ont été placées dans des familles représentées dans d'autres parties du monde, comme les chats (famille des Felidae), les mangoustes (famille des Herpestidae) et les civettes (famille des Viverridae). Etant donné que la présence de ces trois familles de Carnivora à Madagascar indiquerait qu'elles y sont arrivées à trois moments différents (**colonisations** multiples), implicitement par la nage ou par dérive sur un radeau, la façon dont ces animaux sont arrivés sur l'île est toujours énigmatique pour les biologistes de l'**évolution** (115, 138). Une première colonisation de

**Figure 8.** *Cryptoprocta spelea* disparu aujourd'hui, aurait été un **prédateur** redoutable et, tout simplement basé sur sa taille, il aurait été capable d'attraper des **proies** plus grandes que celles de l'actuel *C. ferox. Pachylemur insignis*, un lémurien actuellement éteint, aurait été de la gamme de taille appropriée. Voici l'interprétation d'un artiste sur la façon dont cette espèce aurait mené une chasse commune entre deux mâles adultes, et ce dont à quoi ils ressembleraient. Les *C. ferox* actuels sont connus pour chasser de cette façon (102, voir p. 85). (Dessin par Velizar Simeonovski.)

**Figure 9.** La grotte d'Andrahomana, à l'ouest de Tolagnaro, a été fouillée par un certain nombre de **paléontologistes** au cours des 120 dernières années et des **subfossiles** remarquables de Carnivora ont été récupérés dans ses dépôts. Il s'agit notamment de restes de l'espèce éteinte de *Cryptoprocta spelea*. Voici une vue de l'extérieur à partir de l'une des ouvertures de la grotte. (Cliché par Thomas Wesener.)

Madagascar par un Carnivora flottant ou nageant jusqu'au rivage aurait déjà été un exploit extraordinaire, mais trois fois serait comme demander l'impossible à mère nature.

Des études de **génétique moléculaire** récentes nous ont apporté un aperçu considérable de l'origine et de l'**histoire évolutive** de ces animaux (voir p. 26). Plutôt que de représenter trois événements de colonisations différentes de Madagascar, l'ensemble des espèces présentes sur l'île dériveraient d'un ancêtre commun, ce qui représenterait une lignée **monophylétique** ou en d'autres termes un événement de **dispersion** unique. Une fois l'**ancêtre** des Carnivora malgaches modernes arrivé sur l'île, il aurait subi la **sélection naturelle**, et aurait évolué vers la **radiation adaptative** représentée par les Eupleridae aujourd'hui.

## QU'EST CE QUE LA RADIATION ADAPTATIVE ?

Le concept de **radiation adaptative** est un concept important dans la compréhension de l'**histoire évolutive** des Eupleridae. Une fois qu'un organisme a été capable de **coloniser** avec succès une île comme Madagascar et d'élargir sa distribution au cours des siècles et des millénaires, il entre en contact avec différentes conditions **écologiques**, types d'aliments et d'autres espèces qui pourraient se nourrir de ressources similaires (**compétition**). Les individus ayant certaines caractéristiques **morphologiques** ou **comportementales** qui leur permettent d'exploiter différentes ressources, telles qu'être actif pendant la nuit plutôt que pendant le jour, avoir des griffes plus longues pour grimper dans les arbres ou creuser la terre, des pattes plus longues ou plus fortes pour courir après des **proies** rapides, etc., ont plus de chance de succès et de laisser un plus grand nombre de sa lignée au cours des prochaines générations (**sélection naturelle**).

A Madagascar, avec ses nombreux types de forêts et de régimes climatiques, de nombreux changements peuvent avoir lieu étant donné qu'une espèce donnée remplit différentes **niches écologiques**. Ces aspects sont encore amplifiés par les effets de la sélection naturelle et les caractères modifiés transmis et hérités de générations en générations (**génétique**). La terre est une masse très dynamique sur de longues périodes de **temps géologiques**, avec la génération ou l'érosion des montagnes, le changement climatique, la formation des rivières et leur changement de direction, et d'autres modifications de sa surface. Ces facteurs ont un impact très spectaculaire sur la sélection naturelle. Ainsi, au fil du temps, une espèce peut se diversifier en d'autres **taxons**, chacun adapté de différentes manières à son environnement. Les changements évolutifs peuvent affecter la **morphologie**, l'écologie ainsi que le comportement vis-à-vis de la niche

écologique. Ceci est connu comme la radiation adaptative.

Au cours des dernières décennies, la **génétique moléculaire** nous a apporté de nouveaux aperçus dans l'histoire de l'**évolution** et de la **spéciation**. Cette technique qui concerne les aspects de la variation de l'**ADN** offre un outil extraordinaire permettant aux biologistes de l'évolution de séparer les animaux qui partagent un **ancêtre** commun (**monophylétiques**), comme le cas d'une radiation adaptative, et ne représentent qu'une seule **lignée**, par rapport à ceux qui proviennent d'ancêtres différents (**paraphylétiques**) ; et en cas de similarité morphologique, il s'agit d'une évolution **convergente**.

Les membres des Eupleridae montrent une similitude morphologique par rapport à d'autres Carnivora présents ailleurs dans le monde, comme *Cryptoprocta* ressemblant aux félins, *Fossa* et *Eupleres* ressemblant aux civettes, et *Galidia*, *Galidictis*, *Salanoia* et *Mungotictis* étant très semblables aux mangoustes, une question critique devait être posée, sont-ils issus d'un ancêtre commun ou est-ce le résultat de **colonisations** par des ancêtres différents ? Cette question est examinée en détail dans la section suivante (voir p. 26).

Ainsi, la radiation adaptative est définie comme étant une **diversification** rapide des espèces à partir d'un ancêtre commun qui est accompagnée d'une **divergence phénotypique** et d'une spécialisation pour exploiter les nouvelles ressources disponibles (137). Madagascar est bien connue pour la radiation adaptative exceptionnelle de plusieurs groupes de sa **biodiversité**.

Pour les espèces actuelles de mammifères **terrestres**, dont le nombre est d'environ 290 espèces, toute cette extraordinaire **diversité** peut être seulement expliquée par quatre colonisations de l'île, chacune d'elle conduisant à une radiation adaptive différente, dont les lémuriens (prosimiens malgaches), les rongeurs (sous-famille des Nesomyinae), les tenrecs (famille des Tenrecidae) et les Carnivora (famille des Eupleridae) (71, 119). Le nombre limité de groupes, notamment chez les mammifères terrestres arrivés à Madagascar, tel que représenté dans la faune moderne, est très restreint. Cela souligne clairement la rareté à travers le **temps géologique** récent des colonisations avec succès de l'île par les mammifères et les restrictions physiques imposées aux animaux étant capables de traverser le Canal du Mozambique.

## SYSTEMATIQUE DES EUPLERIDAE

Comme mentionné ci-dessus, au cours de l'histoire **taxonomique** des Carnivora **endémiques** malgaches du 19ème et 20ème siècle, les **systématiciens** les ont placés dans une variété de familles, au moins en partie liées avec la ressemblance **morphologique** avec d'autres membres africains et asiatiques de l'ordre. Dans la **classification** de Simpson des mammifères du monde (138), il a inclus tous les Carnivora malgaches **autochtones**, ainsi que de nombreux autres membres de cet ordre, dans la supra-famille des Feloidea et la famille des Viverridae : 1) la sous-famille des Hemigalinae - *Fossa* dans la tribu Fossini et *Eupleres* dans la tribu Euplerini ; 2) la sous-famille des Galidinae - *Galidia*, *Galidictis*, *Mungotictis* et *Salanoia* ; et 3) la sous-famille des Cryptoproctinae - *Cryptoprocta*.

Le fait que ces animaux aient été classés dans des sous-familles différentes, avec différentes tribus de Carnivora africains et asiatiques, les séparer impliquerait qu'ils ne partagent pas une **histoire évolutive** commune récente. Simpson expose explicitement ce point : « Il semble probable, toutefois, que les viverridés malgaches représentent plus d'un stock continental, comme la classification suggère, bien que ce n'est certainement pas établi. » Ainsi, avec la perspicacité typique de ce scientifique, il a suggéré ce qui allait être révélé par les études **phylogénétiques** cinq décennies plus tard (voir ci-dessous). Les similitudes morphologiques entre des Carnivora malgaches et africains, notamment certains genres comme ceux des félins, de la civette ou de la mangouste, et nous savons maintenant que ces similitudes sont des cas de **convergence**.

Les premiers **fossiles** attribués à l'ordre des Carnivora sont de l'âge du Paléocène, soit d'environ 42 millions d'années (voir p. 13). Madagascar s'est séparé du **Gondwana** entre

170 et 155 millions d'années, ce qui indiquerait que ces animaux n'avaient pas encore évolué et, par conséquent, ne seraient apparus sur terre qu'après la scission du supercontinent. Plus précisément, étant donné la séquence **temporelle** des différents événements géologiques, implicite dans l'ancienne classification des Carnivora autochtones de Madagascar, les membres de ces différents groupes (chats, civettes et mangoustes) auraient du **coloniser** Madagascar en provenance d'Afrique, en nageant ou en flottant sur des radeaux, en traversant les 400 km du Canal du Mozambique trois fois au moins.

L'unification récente de Carnivora autochtones malgaches à la famille des Eupleridae, un groupe restreint à Madagascar, basé sur des recherches de **génétique moléculaire** phylogénétique (155), aide à résoudre les énigmes de l'histoire de la **dispersion** des ces animaux (Figure 10). Ces études ont révélé ce à quoi Simpson a fait allusion, les Carnivora autochtones de l'île ne font pas partie des Viverridae, Herpestidae ou Felidae, mais représentent un groupe **monophylétique** unique et une **radiation adaptative endémique**. Par conséquent, cela expliquerait la présence de Carnivora natif sur l'île après un passage simple réussi du canal du Mozambique et l'événement de colonisation subséquente. Cette première lignée a été soumise à la **sélection naturelle** et a subi une radiation adaptative extraordinaire, menant à la diversité morphologique des membres actuels de la famille des Eupleridae (Figure 11). Cette trajectoire évolutive a abouti à des animaux ayant les formes de corps de différents groupes au sein de l'ordre Carnivora existant dans les autres parties du monde, mais ces similarités sont des cas de **convergence**.

Un autre point remarquable est que bien qu'il y ait un soutien considérable pour l'**hypothèse** de monophylie fondée sur des bases moléculaires phylogénétiques, aucun caractère **anatomique** unique n'a été trouvé chez les membres actuels de la radiation des Eupleridae (44). Ceci contribue à expliquer pourquoi des siècles d'études **systématiques** utilisant la morphologie ont été incapables de résoudre l'histoire évolutive des Carnivora malgaches.

Alors que la démonstration de la monophylie des Carnivora malgaches contribue à résoudre l'énigme des événements de **dispersion** multiples sur l'île, il reste difficile de comprendre ce qui s'est réellement passé. Plus précisément, comment l'**ancêtre** (un groupe d'individus ou une femelle gestante) des Eupleridae a pu nager ou flotter sur un radeau de végétation à travers le canal du Mozambique et arriver jusqu'à la côte de Madagascar ?

Il est difficile d'imaginer que l'ancêtre en question a pu avoir nagé à travers le canal, et cette notion ne sera pas abordée plus loin. Dans la recherche d'une autre explication, des **vertébrés terrestres** non-volants de petite à moyenne taille qui auraient pu coloniser l'île en traversant les grands espaces de la mer, certains traits **physiologiques** ou **comportementaux** ont été proposés afin d'augmenter leurs chances de pouvoir traverser physiquement ce

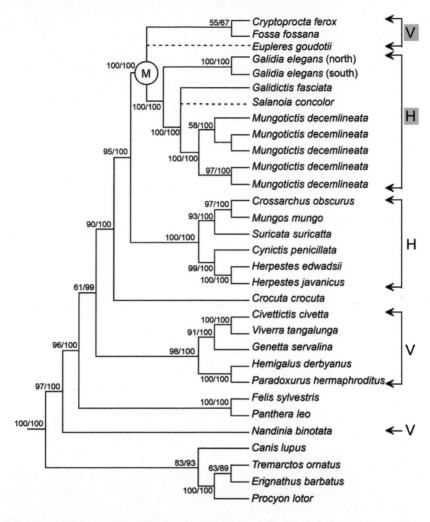

**Figure 10.** Analyse **phylogénétique** des Carnivora malgaches et d'autres groupes sélectionnés en fonction de la **génétique moléculaire**. Un « M » entouré, est la branche de Carnivora malgaches dans lequel est contenu des **taxons** précédemment classés dans la famille des Viverridae (V) et la famille des Herpestidae (H), comparativement aux taxons correctement placés dans la famille des Viverridae (V) et la famille des Herpestidae (H). (D'après 155.)

canal. Un tel caractère, qui a été examiné pour les lémuriens (80), est la capacité à stocker la graisse et de subir un phénomène d'**estivation** ou même d'**hibernation** pendant la traversée, par exemple cachés dans la cavité d'un arbre flottant ou enfouis dans un tapis de végétation flottante (Figure

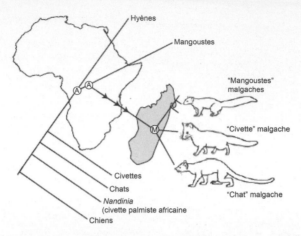

**Figure 11.** Sur la base d'informations **phylogénétiques** (voir Figure 10), il est possible de construire un modèle **biogéographique** en ce qui concerne la **dispersion** à partir de l'Afrique (branche marqués A) de l'**ancêtre** des Eupleridae, qui fut un événement unique de **colonisation** de Madagascar et par la suite a conduit à une **radiation adaptative** (branche M). Les expressions « mangoustes malgaches », « civettes malgaches » et « chats malgaches » se réfèrent aux Eupleridae qui présentent une ressemblance physique avec les membres africains de ces trois groupes. Nous savons maintenant que ces similitudes sont des cas de **convergence**. Le plus proche groupe vivant (**groupe sœur**) des Eupleridae est composé des membres de la famille des Herpestidae. (D'après 155.)

12). Parmi les Eupleridae, *Fossa fossana* est l'exemple d'un animal qui est capable de stocker des réserves considérables de matières grasses, jusqu'à 25% de sa masse corporelle. En outre, *Eupleres* spp. peut stocker jusqu'à 800 g de graisse **sous-cutanée** dans la queue, on estime que cela représente environ 20% de son poids corporel moyen. Alors, il n'y a aucune preuve que ces animaux entrent en estivation, d'importantes réserves de graisse pourraient leur permettre de traverser des périodes de pénurie alimentaire. Par conséquent, si l'accumulation de graisse corporelle est un caractère important trouvé chez les premiers membres de la radiation des Eupleridae, ceci pourrait expliquer comment un tel passage aurait été physiologiquement ou énergétiquement plausible.

## L'ARRIVEE DES MAMMIFERES TERRESTRES A MADAGASCAR

La résolution de l'**origine** et de l'histoire de la **colonisation** des Eupleridae à Madagascar nous apporte des réponses sur certains événements qui ont conduit à leur **spéciation**. Les dernières recherches portant sur la **phylogénie** et l'origine des mammifères **terrestres** actuels de Madagascar ont montré que chacune des trois autres **lignées** des principaux groupes semble aussi dériver des colonisations uniques de

**Figure 12.** La manière dont des animaux non-volants auraient pu avoir survécu à la longue traversée du canal du Mozambique entre l'Afrique et Madagascar sur une végétation flottante est difficile à comprendre. Parmi plusieurs groupes de **mammifères terrestres** malgaches, comme l'Eupleridae *Fossa fossana* et *Eupleres* spp., ils ont la capacité de stocker des quantités considérables de graisse, ce qui les aiderait à travers de longues périodes de pénurie alimentaire. Ici, nous illustrons un lémurien, *Cheirogaleus medius*, avec une queue massive contenant de la graisse. Contrairement aux Eupleridae, ce primate est connu pour entrer en **estivation**, ce qui réduirait considérablement sa consommation calorique et augmenterait ses chances d'arriver de l'autre côté dans un état relativement sain. (Cliché par Manfred Eberle.)

l'île : les lémuriens, les rongeurs et les tenrecs (119). De façon extraordinaire, il apparaît ainsi que l'ensemble de la faune mammalienne terrestre de Madagascar d'aujourd'hui ne soit le fruit que de quatre événements de colonisation distincts, mais ces faits indiquent aussi que le canal du Mozambique représente une barrière importante pour la **dispersion** des mammifères et que la probabilité de la dispersion était extrêmement faible (139) ou que la capacité de certains groupes de mammifères à coloniser l'île après avoir traversé le canal était très limitée.

Quand les quatre lignées de mammifères terrestres malgaches et d'autres groupes non-malgaches sont inclus dans la même analyse (Figure 13), plusieurs points différents émergent. La **monophylie** des tenrecs, des rongeurs, des lémuriens et des Carnivora de Madagascar est entièrement soutenue ; chacun des différents points de bifurcation (branches) des animaux malgaches est indiqué sur la Figure 13 (A à D) et chacun de ces points correspond à la période au cours de leur histoire

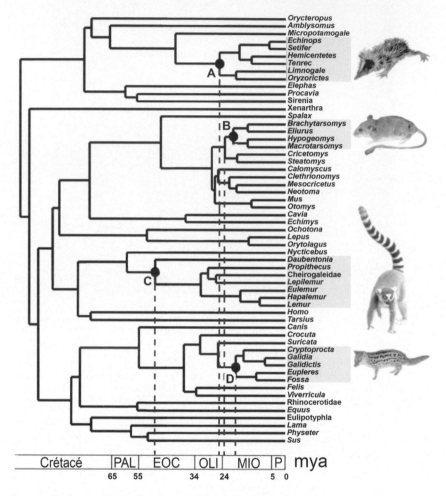

**Figure 13.** Les **colonisations** asynchrones des groupes malgaches de mammifères **terrestres** (**clades**) superposées sur une échelle de **temps géologique** et utilisant l'**horloge moléculaire**. Les différents points de bifurcation de chacun de ces quatre groupes sont notés par des lettres : **A)** les tenrecs (famille des Tenrecidae), **B)** les rongeurs (sous-famille des Nesomyinae), **C)** les lémuriens (infraordre des Lemuriformes) et **D)** Carnivora (famille des Eupleridae). La période estimée de la colonisation de ces quatre groupes n'est pas la même, ce qui contribue à exclure les aides possibles dans leur **dispersion**, tels que l'émergence d'un pont de terre ou de l'apparition d'îles entre l'Afrique et Madagascar comme des tremplins pendant les périodes géologiques où le niveau de la mer était nettement plus bas. (D'après 119.)

évolutive à laquelle ils sont présumés arriver sur l'île. Sur la base des différents aspects des recherches de **génétique moléculaire**, il a été démontré que sur de longues périodes géologiques, le nombre de changements dans la composition **génétique** d'une famille, de genre ou d'une espèce donnée est relativement constant, en prenant compte de leur **divergence** génétique par rapport à d'autres organismes. Ce phénomène, appelé l'**horloge moléculaire**, qui utilise également les dates des archives **fossiles** pour les étalonnages, permet d'estimer le période où ces lignées ont divergé.

Comme on peut le voir facilement dans la Figure 13, les quatre groupes de mammifères terrestres malgaches ne sont pas arrivés sur les rives de l'île pendant la même période géologique - les lémuriens arrivant notamment au début de l'Eocène, les tenrecs au cours de l'Oligocène, et les euplerids et les rongeurs dans la première partie du Miocène. Par conséquent,

la colonisation de Madagascar n'était pas synchronisée ni associée à un événement commun. Par exemple, pendant les périodes où le niveau de la mer était particulièrement plus bas qu'aujourd'hui, il est concevable d'imaginer qu'il y ait pu avoir un pont de terre à travers le canal du Mozambique, reliant l'Afrique continentale à Madagascar. Une autre possibilité aurait été une série d'îles qui a agi comme une sorte de « stepping stones » ou tremplins aidant à la **dispersion** (100, 108). Dans les deux cas, si en effet ce type de « pont » de connexion existait, on pourrait s'attendre à ce que les quatre groupes de mammifères terrestres **autochtones** malgaches aient colonisé l'île pendant la même période géologique. Toutefois, sur base de l'analyse présentée dans la Figure 13, ce n'était pas le cas et ces quatre groupes ont colonisé Madagascar de manière asynchrone et sur une période de presque 40 millions d'années.

## ASPECTS MORPHOLOGIQUES

Inhérents à l'histoire **systématique** compliquée des Carnivora **autochtones** malgaches, ce que nous reconnaissons maintenant être le groupe **endémique** des Eupleridae, est le manque de traits **morphologiques** qui peuvent être utilisés pour définir cette famille (44). Cela est particulièrement différent pour d'autres Carnivora, comme les Felidae, qui présentent des caractères **anatomiques** externes qui soutiennent leur **histoire évolutive** commune. Les membres des Eupleridae montrent

des modèles extraordinaires de **convergence** pour les félins, les civettes et les mangoustes. En excluant les études de **génétique moléculaire** mentionnées ci-dessus, le seul autre « caractère » qui unifie les Eupleridae est leur présence à Madagascar !

La plus grande espèce actuelle est *Cryptoprocta ferox*, qui se rapproche de la taille du corps d'un petit puma (*Puma concolor*). Les mâles sont plus grands (6,2 à 8,6 kg) que les femelles (5,5 à 6,8 kg). Ces animaux ont un corps élégant et musclé, le torse long, la longueur de la queue est presque équivalente à la longueur de la tête et du corps réunis, et des griffes semi-**rétractiles** (Figure 14). Le museau est relativement court, comme le sont les oreilles arrondies

**Figure 14.** *Cryptoprocta ferox* a une forme de corps distinct, avec un long torse et une queue qui mesure près la longueur de la tête et du corps réunis, et des griffes semi-**rétractiles**. (Cliché par Harald Schütz.)

**Figure 15.** Le museau de *Cryptoprocta ferox* est relativement court et les oreilles arrondies. (Cliché par Cornelia Kraus.)

(Figure 15). La fourrure est courte et fine, les parties supérieures sont uniformes, pâles, brun-rougeâtre et les parties inférieures sont de couleur crème sale. Les mâles adultes ont la partie inférieure de couleur orange, ce qui est associé avec les **sécrétions** glandulaires.

Un des membres le plus bizarre de la famille à cause de la forme de son corps est *Eupleres*. Les membres de ce genre ont un torse relativement massif et allongé, une queue courte et conique, souvent arrondie par les dépôts de graisse ; un museau long et étroit et les oreilles courtes et arrondies. Il a des pattes proportionnellement grands, en particulier pour les membres antérieurs, avec de fines griffes non-rétractiles, qui touchent partiellement le sol quand il marche et donne à l'animal une allure lente et aérienne (voir p. 92).

Parmi les Eupleridae, certaines espèces ressemblent à des mangoustes, spécifiquement les genres *Galidia*, *Salanoia*, *Galidictis* et *Mungotictis*. Il existe quelques similitudes entre ces genres dans leur morphologie. Il s'agit notamment d'un corps allongé, des pattes relativement courts et une queue touffue qui mesure des deux tiers à la moitié de la longueur du corps. Chaque genre a une queue nettement colorée et à motifs. *Galidia* possède un corps sombre ou rougeâtre marron, la gorge fauve et la tête grisonnante avec du noir, ou les parties inférieures particulièrement sombres, notamment, les pattes et les flancs

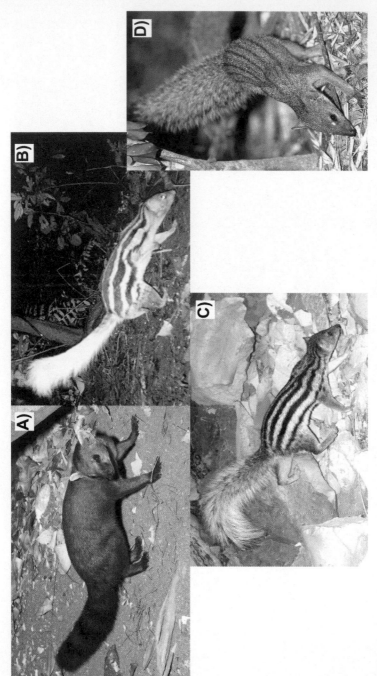

**Figure 16.** Les membres des quatre genres d'Eupleridae placés dans la sous-famille des Galidiinae ressemblent très fort à des mangoustes. Ces animaux comprennent **A**) *Galidia elegans* avec la fourrure de son corps sombre ou rouge-marron (cliché par Matthias Markolf) ; **B**) *Galidictis fasciata* avec un dos gris-beige, la partie centrale est marquée par des bandes longitudinales brun foncé qui sont plus larges ou de largeur égale aux interlignes grisâtre beige (cliché par Brian Gerber) ; **C**) *Galidictis grandidieri* semblable à *G. fasciata*, mais les lignes dorsales sont plus étroites (cliché par Matthias Marquard) ; et **D**) *Mungotictis decemlineata* avec un museau pointu, un dos grisâtre mélangé avec du brun clair avec une série de huit à dix fines rayures longitudinales largement espacées (cliché par Harald Schütz).

(Figure 16a). La queue est marquée de cinq à sept bandes alternant brun-rouge foncé et noirâtre. Pour la forme du corps, *Salanoia* est similaire à *Mungotictis*, mais avec un pelage uniforme majoritairement sombre, avec la pointe des poils plus claire, qui lui donnent une apparence agouti et la queue uniforme brun foncé légèrement touffue (voir p. 128). *Galidictis fasciata* a le dos globalement grisâtre-beige, la partie centrale est marquée des bandes longitudinales brun foncé plus larges ou de largeur égale aux interlignes grisâtre beige (Figure 16b). Les deux tiers distaux de la queue sont blanchâtres, la tête grise à brun grisâtre, et le ventre distinctement plus pâle. *Galidictis grandidieri* a la même coloration de fourrure que son congénère, mais il est légèrement plus grand et les lignes dorsales noires ont tendance à être plus étroites (Figure 16c). *Mungotictis* tend à avoir un museau encore plus pointu et un corps encore plus cylindrique que les autres individus ressemblant à des « mangoustes malgaches » (Figure 16d). De plus, la coloration de la face dorsale de ce genre est grisâtre mélangé avec du brun clair ou de beige et caractérisée par une série de huit à dix fines rayures longitudinales largement espacées. Parmi les différentes espèces, dans certains cas, les mâles et les femelles montrent des différences dans la coloration du pelage ou de la taille du corps qui est appelé **dimorphisme sexuel**.

La structure des pattes chez les membres du groupe ressemblant à la mangouste montre quelques **adaptations** intéressantes. *Galidia* a les pattes postérieures plus longues que les pattes antérieures, et avec des **coussinets** nus bien développés. Les membres de ce genre ont les orteils palmés et les griffes non-**rétractiles**. Ces diverses adaptations lui permettent d'être agile tout en marchant ou en courant sur le sol, adroit en grimpant aux arbres, ainsi que d'être un nageur relativement compétent. Chez *Galidictis grandidieri*, les pattes sont particulièrement allongées, les griffes longues et non-rétractiles et ils ont aussi les orteils palmés. Cette espèce vit dans les zones de roches et de sable et les modifications des pattes sont des adaptations présumées à ces conditions. En revanche, *G. fasciata*, présent dans des zones de sols durs, a des membres et des griffes plus courts, ainsi que des orteils moins palmés. Enfin, *Mungotictis* vit sur des sols sableux et il a des orteils palmés développés et des griffes allongées.

Le *Fossa fossana* ressemblant à une civette, a des membres courts, un museau pointu, un grand corps arrondi et une queue touffue (Figure 1c). La coloration du pelage est brune sur le dos avec deux lignes noires continues au milieu du dos, qui sont bordées par une rangée de bandes partiellement cassées qui se transforment en taches sur les flancs. La queue est brune avec des taches et des anneaux concentriques.

## HABITAT ET RICHESSE SPECIFIQUE

Les membres de la famille des Eupleridae vivent essentiellement dans les forêts ; la plupart des espèces ne traversent pas d'**habitats** ouverts non boisés. Ils peuvent être trouvés dans tous les types de végétation naturelle de Madagascar, de la forêt **sempervirente** (humide) qui peut recevoir plus de 6 m de **précipitations** annuelles, à la forêt **caducifoliée** nettement moins humide, au **bush épineux** qui peut recevoir dans certaines zones moins de 400 mm par an. En outre, les membres de cette famille vivent à travers un large gradient d'altitudes allant des forêts de plaine à des zones de haute montagne au-dessus de la ligne des forêts. Compte tenu des préférences des Eupleridae pour des habitats de forêts naturelles, leur existence à long terme est étroitement liée à la conservation de ces **écosystèmes** forestiers.

Certaines espèces ont de larges distributions géographiques qui englobent toute une gamme d'habitats, tandis que d'autres espèces sont limitées à un seul type de forêt très spécifique. Un exemple est *Galidia elegans* (voir p. 106) qui vit dans un large éventail d'altitudes, dont les formations sempervirentes, allant de la basse altitude et de la **forêt littorale**, à la forêt d'altitude de haute montagne (jusqu'à 1 950 m), ainsi que les forêts de transition sempervirente-caducifoliée dans le Nord-ouest et les forêts caducifoliées dans le Centre-ouest. Basé sur les informations actuelles, *Galidictis fasciata*, *Eupleres goudotii* et *Fossa fossana* vivent dans les forêts humides de l'Est de l'île

(voir Partie 2) ; *G. fasciata* dans une gamme d'altitude allant des forêts de basse altitude à la forêt de montagne à environ 1 500 m et la plupart des observations sont issues de forêts relativement intactes. *Eupleres* et *Fossa* ont tendance à être plus fréquents dans les zones boisées avec des cours d'eau ou dans des habitats marécageux.

Un excellent exemple d'une espèce ayant un habitat spécifique est *Galidictis grandidieri* (voir p. 113), précédemment connue d'une zone relativement réduite de bush épineux le long du plateau calcaire de Mahafaly dans l'extrême Sud-ouest (Figure 17). Cette zone correspond à deux formations géologiques qui se chevauchent et à une zone de résurgence d'eau associée à un souterrain **aquifère** (104). Bien qu'on ne sache toujours pas si *Galidictis* doit boire de l'eau quotidiennement, le nombre et la **diversité** de **proies** à proximité de ces sources d'eau sont plus élevés que dans des zones sans eau. Des recherches récentes dans la région du Plateau Mahafaly ont montré que cette espèce a une distribution plus grande qu'on ne le pensait, mais les zones de plus fortes densités sont en effet près du pied du plateau (105).

*Cryptoprocta* se déplace de plusieurs kilomètres dans des zones sans forêt naturelle, ce qui est la principale exception chez les Eupleridae qui ne vivent qu'en forêt. *Galidia* peut aussi être aperçu patrouillant à la **lisière** des forêts ou dans les **forêts secondaires**, mais on ne l'a jamais vu à plus de quelques centaines de

**Figure 17.** *Galidictis grandidieri* est une espèce à une distribution limitée dans l'extrême Sud-ouest and précédemment connue d'une zone relativement réduite de **bush épineux** le long du plateau calcaire de Mahafaly. Cette zone correspond à deux formations géologiques qui se chevauchent et à une zone de résurgence d'eau associée à un souterrain **aquifère**. Cette photo a été prise dans le Parc National de Tsimanampetsotsa à proximité de le Grotte de Mitoho. (Cliché par Achille P. Raselimanana.)

mètres de l'**écotone** de ces habitats. La dernière exception est *Eupleres*, qui peut être trouvé dans des zones de marais, mais celui-ci tend à être proche de forêts naturelles.

La richesse en espèces est plus grande dans les forêts humides de l'Est, où l'on peut trouver jusqu'à cinq espèces d'Eupleridae vivant le long des pentes de certaines montagnes. Précisons que des informations sont disponibles sur les Carnivora présents sur de nombreuses parties de cette vaste zone, mais ces informations sont loin d'être complètes. Par exemple, sur le Massif d'Andohahela, dans le Sud-est, cinq espèces d'Eupleridae y vivent et leur distribution selon l'altitude se présente comme suit : les forêts de basse altitude (jusqu'à 800 m) - *Galidia elegans*, *Galidictis fasciata*, *Cryptoprocta ferox* et *Fossa fossana* ; les forêts de montagne (1 200-1 500 m) - la diversité des espèces reste la même, mais avec une absence de *Cryptoprocta* et la présence d'*Eupleres goudotii* ; et la zone sommitale à 1 875 m - *Galidia* et *Cryptoprocta* (61). Quelques points doivent être ajoutés sur les distributions des Carnivora du Massif d'Andohahela selon l'altitude - *Cryptoprocta* a vraisemblablement une distribution continue sur les pentes de cette montagne et *Eupleres* vit dans des zones à sols humides, notamment les marais ; il est clair que des inventaires supplémentaires apporteraient de nouvelles informations sur la distribution de ces animaux et peut-être sur des espèces jamais trouvées localement auparavant.

Les modèles de distribution suivant l'altitude des Eupleridae sur d'autres massifs forestiers de l'Est sont similaires à ceux mentionnés pour Andohahela. En général, *Galidia* se produit à travers toute la gamme des types de forêts humide, de basse altitude à la montagne. *Cryptoprocta* présente une tendance similaire, mais s'étend également aux zones au-dessus de la limite supérieure de la forêt jusqu'aux plus hauts sommets de l'île, comme à 2 600 m sur le Massif d'Andringitra (Figure 18). Ce qui est

extraordinaire, ce sont les conditions climatiques plutôt extrêmes vers le sommet d'Andringitra, avec ses gammes de températures journalières couvrant plus de 40°C, et avec des températures descendant parfois à -11°C pendant les mois froids. Cette zone présente également des chutes de neige périodiques. Ainsi, *Cryptoprocta* est adapté à une grande variété de régimes climatiques.

Un des genres les plus énigmatiques des Eupleridae est *Salanoia*. Il existe quelques comptes rendus, notamment sur *S. concolor* qui n'est connu qu'à partir des formations forestières de basse altitude et du littoral du Centre-est et du Nord-est. Ces habitats sont fortement modifiés par l'homme au

**Figure 18.** Un des sites où le **régime alimentaire** des *Cryptoprocta ferox* a été étudié basé sur l'analyse des **fèces** est la zone au-dessus de la limite supérieure de la forêt sur le Massif d'Andringitra, entre environ 2 000 et 2 500 m. Ce qui est extraordinaire, ce sont les conditions climatiques plutôt extrêmes vers le sommet d'Andringitra, avec ses gammes de températures journalières couvrant plus de 40°C, et avec des températures descendant parfois à -11°C pendant les mois froids. Cette zone présente également des chutes de neige périodiques. Ainsi, *Cryptoprocta* est adapté à une grande variété de régimes climatiques. (Cliché par Voahangy Soarimalala.)

cours du siècle passé. Ensuite, *S. durrellii* qu'on ne rencontre que sur des rives du Lac Alaotra, où de vastes portions de cette zone marécageuse ont été converties en champs de riz.

La **forêt littorale** de l'Est, composée d'une partie de la forêt **sempervirente** sur sols sableux, est l'habitat de trois espèces d'Eupleridae (*Cryptoprocta, Galidia* et *Fossa*), présentes en densités particulièrement faibles. Il a été prouvé que *S. concolor* a vécu ou vit encore dans la forêt littorale de Tampolo, au nord de Toamasina (70).

En revanche, les formations **caducifoliées** et le **bush épineux** de l'Ouest et du Sud-ouest ont une richesse en espèces d'Eupleridae inférieure à celle des forêts sempervirentes de l'Est, mais sans doute avec des densités supérieures. Le nombre d'espèces d'Eupleridae de n'importe quel site de forêts sèches ne dépasse pas deux. *Cryptoprocta* vit dans cette zone, et coexiste avec différentes espèces de Galidinae - *Galidia elegans* dans le Nord et le Nord-ouest, *Mungotictis decemlineata* dans le Centre-ouest et *Galidictis grandidieri* dans le Sud-ouest. La raison pour laquelle les distributions de ces espèces de Galidinae coexistant avec *Cryptoprocta* ne se chevauchent pas actuellement dans cette zone est vraisemblablement liée à la quantité de **proies** disponibles sur des gradients d'habitats différents. Concernant ceci, il est intéressant de noter que le fleuve Tsiribihina forme la limite nord actuellement connue de *Mungotictis* et de la limite sud de *Galidia*, mais les distributions de *Galidia* et *Galidictis* ont radicalement changé dans l'histoire géologique récente (voir p. 17). Ce qui s'est réellement passé et comment cela a influencé les distributions de ces animaux est encore à découvrir pour les futurs chercheurs.

Aucun Eupleridae n'a été correctement documenté sur les îles au large de la Grande île, comme Sainte Marie, Nosy Mangabe et Nosy Be, qui étaient reliées à l'île principale de Madagascar pendant le Quaternaire (Figure 3) où le niveau de la mer était plus bas. Etant donné que les forêts naturelles de ces îles ont été fortement réduites durant ces derniers siècles, il est difficile de discerner si l'absence de ces Carnivora est le résultat d'une **perturbation** des habitats par les humains ou associée à la répartition naturelle de ces animaux.

## COMMUNICATION

A notre connaissance, aucune étude formelle sur les modèles **inter-** et **intra-spécifiques** de la communication **bioacoustique** n'a été menée sur les membres des Eupleridae, spécialement sur des analyses détaillées de **vocalisations** prises à partir d'enregistrements réalisés dans des situations naturelles. Cependant, des observations de communication vocale et **olfactive** ont été faites à l'état sauvage et en captivité sur ces animaux, qui sont résumées ici. En revanche, un certain nombre d'études ont été menées sur la communication vocale chez les lémuriens, qui est un moyen de dissuader les **prédateur** carnivoran, en particulier *Cryptoprocta* (38, 39, 90).

En général, *Cryptoprocta* semble être relativement silencieux, produisant quelques vocalises, dont la plupart sont liées aux activités de reproduction. Ils ont une vocalisation souple ressemblant au ronronnement d'un chat, mais les données disponibles ne sont pas suffisantes pour étayer ce point (114). Toutefois, les signaux olfactifs sont le moyen commun pour cet animal généralement solitaire pour communiquer, ce qui est fait en marquant les objets de premier plan avec les **sécrétions** des glandes du corps. Le cri de *Cryptoprocta* qui peut être entendu à l'occasion dans la forêt, est un court rugissement rauque ou guttural, qui est apparemment un appel de contact ou peut-être un des actes d'intimidation ou de défense. La femelle avant l'accouplement poussera une série d'appels de type miaulement, qui semble attirer le mâle et le pousser à la monter. Enfin, les jeunes animaux ronronnent lorsqu'ils tètent ou sont en contact avec leur mère.

*Eupleres* semble aussi être très silencieux. Les animaux captifs qui ont été observés ont émis deux types de vocalisation : 1) des crachements liés à des rencontres antagonistes et 2) un hoquet associé à des interactions mère-petit (6, 7). Toutefois, la communication olfactive est importante chez les membres de ce genre, en particulier pendant la saison de reproduction, lorsque les individus utilisent leurs glandes pour marquer leur **territoire** et d'autres types de signaux. Les mâles et les femelles se frottent les glandes anales et celles du cou sur des objets proéminents, tels que la végétation basse ou de gros rochers.

*Fossa fossana* ne semble pas avoir un grand répertoire vocal. Il utilise un grognement étouffé lors de rencontres antagonistes et une sorte d'appel plaintif pour la communication entre les adultes et les jeunes (3, 6). Il a une forte odeur musquée distinctive et la signalisation olfactive est évidemment importante à partir des sécrétions des glandes anales, celles du cou et des joues.

*Galidia*, l'un des rares Eupleridae **diurne**, est particulièrement actif vocalement et ses signaux auditifs ont été classés en quatre types : 1) un sifflement entre les membres de la famille, souvent émis tout en se déplaçant dans la forêt, 2) un appel spécifique à la capture de leurs **proies**, 3) un grondement et des cris aigus comme des appels d'intimidation, d'attaque ou de défense et 4) une vocalisation particulaire pendant l'accouplement (1, 6). Les rencontres agressives entre individus, en particulier les mâles adultes, sont pacifiées par une attitude de soumission et des vocalisations. Dans ce cas, lorsqu'un individu dominant approche, l'animal soumis, qui adopte une posture de prosternation, pousse de puissants cris aigus. Les adultes déposent régulièrement des marques olfactives sur leur territoire en utilisant de l'urine et une forme de musc produit par différentes glandes.

Pratiquement rien n'est connu sur la communication de *Galidictis*. Les deux espèces, *G. fasciata* et *G. grandidieri*, peuvent souvent être observées la nuit, avec leur queue blanche distincte tenue en position verticale (Figure 19), ce qui est présumé être une certaine forme de signal de communication.

**Figure 19.** La communication vocale est mal connue chez les membres du genre *Galidictis*. Pendant la nuit, *G. grandidieri* peut être vu tenir sa queue blanche en position verticale. Ce qui est présumé être une forme de communication non vocale ou de signalisation entre les individus et est souvent associé avec le marquage des odeurs. (Cliché par Jana Jeglinski.)

## REGIME ALIMENTAIRE ET NOURRISSAGE

La grande majorité des Eupleridae sont des **carnivores**, d'après leur **régime alimentaire**, même si des matières non animales sont consommées et que certaines espèces sont probablement en partie des **charognardes**. Les espèces les plus petites ont tendance à se nourrir plus d'**invertébrés** ou bien de petits **vertébrés**. Il a été vu que ces Carnivora pouvaient se nourrir d'animaux **domestiques**, principalement des poulets. Quelques fois, les personnes vivant à la campagne qui ont associé les attaques sur les volailles domestiques à celles de *Cryptoprocta* se sont trompées, l'acte ayant été commis par l'espèce **introduite** *Viverricula indica* (voir p. 57).

Certains Eupleridae montrent des variations saisonnières, régionales et d'altitude considérables dans leur régime alimentaire, vraisemblablement associées à des changements des **proies** présentes localement dans chaque région. Au cours des dernières années, de nombreuses études ont été menées sur le régime alimentaire de certaines espèces d'Eupleridae, la majorité basées sur l'analyse des **fèces**, formant la base des connaissances actuelles. Dans de nombreux cas, selon le contexte de la région où elles ont été recueillies ou selon la forme physique, il est possible d'identifier l'espèce à qui appartiennent les crottes (Figure 20).

Suivant les caractères dentaires et la masse corporelle des adultes, les Eupleridae peuvent être divisés en trois classes alimentaires, y compris les animaux 1) supérieurs à 5 kg et ayant des dents **carnassières** (*Cryptoprocta*), 2) de 1,5 à 3 kg et avec de minuscules dents coniques et aplaties (*Eupleres*) et 3) moins de 2 kg et ayant des dents carnassières avec des capacités de broyage (*Fossa*, *Galidia*, *Galidictis*, *Mungotictis* et *Salanoia*).

*Cryptoprocta ferox*, avec sa force considérable, ses larges **coussinets**, sa longue queue et ses griffes semi-**rétractiles** est le plus grand et le plus puissant **prédateur** vivant sur l'île. Il est capable d'attraper des proies **terrestres** et **arboricoles**, dont différents types de lémuriens (Figure 21, Tableau 3). Le régime alimentaire de *Cryptoprocta*, un animal considéré comme ayant des modèles d'activités **cathémérales**, est le seul membre de la classe alimentaire 1 et il ne montre aucun chevauchement important avec les autres Eupleridae (48). Il vit également sur l'ensemble des zones bioclimatiques de l'île et à travers un gradient significatif d'altitude (du niveau de la mer à 2 600 m).

Basées sur des analyses de **fèces**, des données sont disponibles sur l'alimentation des *Cryptoprocta* dans plusieurs sites et habitats et une variété de différents **vertébrés** sont

**Figure 20.** Un certain nombre d'études ont été menées sur le **régime alimentaire** des Eupleridae, principalement basées sur les restes non digérés trouvés dans des crottes ou **fèces** collectées dans le milieu naturel. Dans de nombreux cas, les crottes peuvent être identifiées jusqu'à l'espèce en fonction de leur forme. Par exemple, les crottes des *Cryptoprocta* sont faciles à reconnaître (à gauche), elles forment de minces rouleaux de 10 à 14 cm de long et de 1,5 à 2,5 cm de large, avec au moins une des extrémités torsadée, et contiennent généralement des poils de mammifères. En comparaison, les crottes des autres espèces des Eupleridae sont plus petites et contiennent généralement des restes d'**arthropodes** (à droite), comme c'est le cas avec cet exemple de *Galidictis grandidieri*. (Cliché à gauche par Moritz Rahlfs et cliché à droite par Jana Jeglinski.)

**Figure 21.** Parmi les différents types de **proies** attrapées par *Cryptoprocta ferox*, les lémuriens en constituent une partie importante. Dans les forêts de l'Ouest et du Sud-ouest, *Propithecus verreauxi* est souvent chassé par ce Carnivora. (Cliché par Harald Schütz.)

consommés (Tableau 4). Dans la forêt sèche **caducifoliée** de Kirindy (CNFEREF), le régime alimentaire de ce Carnivora pendant la saison sèche (entre août et novembre) est composé de 54% des individus au total et 57% en **biomasse** de lémuriens **nocturnes** et **diurnes** (129). Une autre étude sur le même site a révélé que loo lémuriens ont représenté 40% des individus au total et 81,6%

en biomasse des **proies** prises par *Cryptoprocta* (128). En revanche, dans les forêts **sempervirentes** de la Montagne d'Ambre, les lémuriens ne représentaient que 5,4% des proies prises par *Cryptoprocta*. Toutefois, étant donné que beaucoup d'autres proies étaient des petits mammifères et des grenouilles, la représentation totale de lémuriens dans les échantillons de la Montagne d'Ambre était de près de

**Tableau 3.** Résumé de l'alimentation des Carnivora malgaches **autochtones** et **introduites** sur diverses espèces de lémuriens. Informations tirées d'une revue (56), avec des informations publiées par la suite (25, 33, 72, 80, 90, 113), ainsi que des informations inédites de l'auteur. * = espèce introduite.

| Lémurien | Carnivora |
|---|---|
| Cheirogaleus major | Galidia elegans |
| | Cryptoprocta ferox |
| Cheirogaleus medius | Cryptoprocta ferox |
| | Mungotictis decemlineata |
| Microcebus berthae | Cryptoprocta ferox |
| Microcebus griseorufus | Cryptoprocta ferox |
| Microcebus murinus | Cryptoprocta ferox |
| | Mungotictis decemlineata |
| Microcebus rufus | Galidia elegans |
| | *Canis lupus |
| | Cryptoprocta ferox |
| Mirza coquereli | Cryptoprocta ferox |
| | Mungotictis decemlineata |
| Phaner furcifer | Cryptoprocta ferox |
| Eulemur coronatus | Cryptoprocta ferox |
| Eulemur fulvus | Cryptoprocta ferox |
| Eulemur mongoz | Cryptoprocta ferox |
| | *Canis lupus |
| Eulemur rubriventer | Cryptoprocta ferox |
| Hapalemur griseus | Cryptoprocta ferox |
| Hapalemur simus | Cryptoprocta ferox |
| Lemur catta | Cryptoprocta ferox |
| | *Viverricula indica |
| | *Felis silvestris |
| | *Canis lupus |
| Varecia variegata | Cryptoprocta ferox |
| Lepilemur edwardsi | Cryptoprocta ferox |
| Lepilemur mustelinus | Cryptoprocta ferox |
| Lepilemur ruficaudatus | Cryptoprocta ferox |
| | Mungotictis decemlineata |
| Avahi laniger | Cryptoprocta ferox |
| Avahi occidentalis | Cryptoprocta ferox |
| Propithecus candidus | Cryptoprocta ferox |
| Propithecus diadema | Cryptoprocta ferox |
| Propithecus tattersalli | Cryptoprocta ferox |
| Propithecus verreauxi | Cryptoprocta ferox |
| Daubentonia madagascariensis | Cryptoprocta ferox |

40% en biomasse (130). Une étude des crottes de *Cryptoprocta* recueillies au-dessus de la ligne de forêt sur le massif d'Andringitra a montré un résultat similaire à celui de la Montagne d'Ambre – les lémuriens représentaient moins de 4% des individus prélevés et 31% de la biomasse. Ainsi, il semble y avoir une variation géographique et **temporelle** dans l'alimentation des *Cryptoprocta* liée aux aspects de la **communauté** locale des proies, les variations saisonnières dans l'abondance des proies et peut-être les différences particulières entre les techniques de chasse des animaux.

Des chercheurs ont noté que huit fèces de *C. ferox* récoltées dans le Parc National de Ranomafana contenaient des restes de lémuriens. C'est pour cette raison qu'ils considéraient cette espèce comme un « **spécialiste** des lémuriens » (154). Il est à noter que les huit crottes ont été trouvées près de carcasses de lémuriens qui ont sans doute été tués par *Cryptoprocta*, et représentent donc un échantillon biaisé. Une collection plus récente de six fèces sur le même site, non associée au tableau de chasse de *Cryptoprocta*, et analysée par l'auteur ne contenait qu'un seul primate, *Microcebus rufus*.

*Cryptoprocta* est connu pour attraper des animaux pesant de son propre poids, comme le lémurien *Propithecus* qui pèse 6 kg (Figure 21). En outre, des fragments d'os d'animaux **introduits** plus gros comme des zébus et des potamochères (*Potamochoerus*) ont été récupérés dans leurs fèces ; il est impossible de discerner si ces animaux ont été attrapés par **prédation** ou si c'était des **charognes** (65).

Dans la zone de haute montagne d'Andringitra, au-dessus de la limite supérieure de forêt (1 950 m), on a constaté une diminution spectaculaire de la masse corporelle moyenne des proies de 40 g, qui sont composées en grande partie des différents membres du genre *Microgale* (Oryzorictinae, Tenrecidae) ; contrairement à la masse corporelle moyenne des proies qui est de 480 g dans les forêts sempervirentes et de 1140 g dans les forêts caducifoliées (65, 130).

La classe alimentaire 2 contient un seul genre, *Eupleres*, composé de *E. goudotii* et *E. major*, avec leurs petites dents coniques cuspides et aplaties, qui sont adaptées à un régime alimentaire composé d'**invertébrés** (**insectivore**) à corps mou. Il a été suggéré que cette espèce **cathémérale** utilise ses griffes pour déterrer des proies, principalement des vers de terre du sol ou du bois pourri, qui sont immobilisées par la mâchoire et les dents (6). Toutefois, ses fines et longues griffes ne sont pas adaptées pour ce type d'activités abrasives et rigoureuses. Elle se nourrit aussi de limaces, d'insectes, de grenouilles, de caméléons et peut-être de végétaux (6, 7). Sur des portions de distribution de *E. major*, il existe en **sympatrie** avec les membres nocturnes des classes alimentaires 1 et 3, mais il existe peu de chevauchements au niveau des proies attrapées par ces Carnivora (48). *Eupleres* nous montre d'extraordinaires **convergences** dentaires et alimentaires par rapport au protèle africain (*Proteles*) de la famille des Hyaenidae (106).

*Eupleres* stocke jusqu'à 800 g de graisse **sous-cutanée** dans la queue, soit environ 20% de son poids corporel moyen (6, 7). Ce phénomène a lieu avant le début de la saison froide et sèche (juin à août), une période où la disponibilité d'invertébrés qui vivent dans le sol est particulièrement réduite. A notre connaissance, aucune recherche qui examine si les membres de ce genre utilisent ces réserves de graisse durant l'**estivation** ou

**Tableau 4.** Comparaison du **régime alimentaire** de *Cryptoprocta ferox* dans trois sites à Madagascar et dans différents types de forêts. Le chiffre présenté pour chacun des sites (n) est le nombre minimum total d'individus identifiés à partir des crottes. Les chiffres présentés dans le tableau sont le nombre minimum d'individus - % représentation totale - % **biomasse** totale (65, 128, 130).

| Type de forêt | Montagne d'Ambre (n=36) Humide sempervirente | Kirindy (CNFEREF) (n=37) Sèche caducifoliée | Kirindy (CNFEREF) (n=19) Sèche caducifoliée | Andringitra au-dessus de la limite supérieure de la forêt (n=57)[1] Humide sempervirente |
|---|---|---|---|---|
| Grenouilles | 7 -- 19,3% -- 0,3% | - | - | - |
| Reptiles | - | 5 -- 13,5% -- 2,0% | 2 -- 10,0 % -- 0,9 % | 3 -- 3,7 % -- 0,8 % |
| Oiseaux | 5 -- 13,7% -- 11,7% | 1 -- 2,7% -- 0,5% | 1 -- 5,0 % -- 0,2 % | 8 -- 9,8 % -- 32,8 % |
| Tenrecs | 5 -- 13,8% -- 19,9% | 3 -- 8,1 % -- 2,7% | 2 -- 10,0 % -- 0,6 % | 27 -- 32,9% -- 16,4 % |
| Rongeurs | 16 -- 44,4% -- 17,4% | 5 -- 13,5 % -- 12,7 % | 5 -- 30,0 % -- 11,7% | 16 -- 19,5 % -- 19,3 % |
| Lémuriens | 2 -- 5,4% -- 39,8% | 20 -- 54,0 % -- 57,0 % | 8 -- 40,0 % -- 81,6 % | 3 -- 3,7 % -- 31,4 % |
| Autres mammifères | 1 -- 2,7% -- 10,8% | 3 -- 8,1 % -- 23,8 % | 1 -- 5,0 % -- 5,0% | _[2] |

[1] La biomasse n'inclut pas les **invertébrés**.
[2] Des restes d'un zébu ont aussi été trouvés dans ces **fèces**. Cependant, on suppose qu'il s'agissait d'une **charogne** et ils n'ont donc pas été pris en compte dans les calculs.

éventuellement l'**hibernation**, mais cette graisse stockée aidera certainement les animaux pour survivre pendant les périodes de l'année où la disponibilité en nourriture diminue.

La classe alimentaire 3 comprend plusieurs genres différents de petits Eupleridae avec des dents **carnassières** et plusieurs d'entre eux vivent en stricte sympatrie dans des forêts sempervirentes. Basé sur des informations limitées pour la plupart des espèces, il existe peu de preuves de spécialisation alimentaire, et la plupart sont **généralistes**. Par exemple, dans les forêts sempervirentes, deux genres, *Galidia* et *Galidictis*, montrent une ségrégation **temporelle** dans leurs activités, le premier étant **diurne** et le second **nocturne**. La seule exception possible au fait d'être un généraliste parmi les animaux de la classe alimentaire 3 est le nocturne *Fossa fossana*, qui semble avoir une propension à la **prédation** sur les organismes aquatiques (par exemple, les amphibiens, les crustacés, les crabes, etc.), qu'il chasse dans des eaux peu profondes. Toutefois, il attrape également divers invertébrés et **vertébrés** terrestres. Il existe une forte composante saisonnière au choix des proies chez le *Fossa* - 96% de son régime alimentaire en saison humide est composé d'insectes, de reptiles et d'amphibiens et 94% de son régime alimentaire pendant la saison sèche est composé d'insectes, de crabes et de mammifères (67). *Fossa* est le seul autre membre des Eupleridae connu pour accumuler des dépôts de graisse dans la queue avant le début de la saison sèche et froide ; ceux-ci peuvent atteindre 25% de la masse corporelle normale et permettent à ces animaux de survivre lors de périodes de pénurie alimentaire (3, 6). Il n'existe aucune preuve que cette espèce entre en estivation.

*Galidia elegans* qui est diurne ou **crépusculaire**, et notamment **omnivore**, vit en sympatrie sur une partie de son aire de distribution avec les espèces nocturnes *Fossa fossana* et *Galidictis fasciata*, et aussi avec *Salanoia concolor*, qui est diurne. *Galidia* se nourrit d'une grande variété d'invertébrés et de vertébrés, en attrapant des animaux d'au moins 200 g, il pille aussi des nids d'oiseaux pour les œufs et les poussins (57). *Galidia*, avec ses **coussinets** particulièrement charnus, ses griffes assez longues et sa démarche semi-**digitigrade**, est capable d'escalader des troncs d'arbres et même des portions de roches presque verticales (Figure 22), et de se déplacer sur des branches horizontales relativement minces et des lianes. Il a été observé sur des arbres jusqu'à 15 m du sol, cherchant des proies, des invertébrés et de petits vertébrés, en fouillant les creux et les plantes épiphytes avec leur museau et leurs griffes. Il fouille également les petits ruisseaux pour chasser les animaux aquatiques, probablement les poissons, les grenouilles et peut-être les écrevisses ; ses pattes partiellement palmées l'aident à se propulser dans l'eau (voir p. 105). Dans les camps de recherche installés dans la forêt, *Galidia* ne craint pas les humains et pille régulièrement les vivres et les ordures du camp. Les villageois rapportent que *Galidia* se nourrit de poulets, qui peut-être vrai en effet, mais cette espèce ne

**Figure 22.** *Galidia elegans* est capable d'escalader des troncs d'arbres et des sections de roches nues presque à la verticale, des branches, ainsi que des lianes horizontales relativement minces. Cette image a été prise dans les formations calcaires du Parc National d'Ankarana. (Cliché par Harald Schütz.)

s'aventure jamais loin de la **lisière** de la forêt. Dans certaines régions, il peut y avoir quelques chevauchements alimentaires avec le *Fossa*, mais étant donné la séparation de période d'activité (**niche temporelle**) de ces animaux, ainsi que les différences dans la **morphologie** de leurs dents et dans la taille du corps, ces chevauchements sont probablement limités.

Aucune information quantitative n'est disponible sur l'alimentation de *Galidictis fasciata*, un membre de la classe alimentaire 3 et qui est en grande partie **terrestre**. Cette espèce discrète consomme sans doute de petits mammifères (rongeurs et tenrecs), de petits lémuriens, et probablement des autres vertébrés terrestres comme les reptiles et amphibiens. Elle est connue pour piller les provisions des camps forestiers de touristes et de chercheurs. Etant donné que cette espèce n'a jamais été vue hors de la forêt naturelle, sa réputation comme étant un voleur de poulets dans les villages est probablement incorrecte.

Les autres espèces de la classe alimentaire 3 habitant les forêts sempervirentes sont les membres du ·genre *Salanoia*, pour lesquels peu de détails sont disponibles concernant leur alimentation. Le récemment décrit *S. durrelli* n'est connue que dans les marais du Lac Alaotra, qui pour plus de commodité, nous le plaçons comme une espèce de la forêt sempervirente. *Salanoia concolor* creuse dans le bois pourri avec ses griffes pour extraire les larves de coléoptères. Comme pour *Galidia*, *S. concolor* est connu pour monter sur les arbres à 5-10 m du sol, où il est présumé chasser des **invertébrés** ou des petites **vertébrés**.

Basé sur une étude comparative entre cette espèce et *Galidia* vivant dans une forêt de basse altitude à Betampoana, non loin de Toamasina, plusieurs différences ont été notées dans le type de **proies** capturées et l'utilisation de l'**habitat** qui pourraient réduire la **compétition** entre ces deux genres (15, 16). Une taille du corps plus petite et des surfaces de dents **carnassières** réduites chez *Salanoia*, en comparaison avec *Galidia*, ainsi que les différentes périodes d'activité avec d'autres Eupleridae **sympatriques** de la classe alimentaire 3, pourraient aider au partitionnement des proies disponibles. A bien des égards, la taille générale et les morphologies crânienne et dentaire de *Salanoia* sont

similaires à celles de *Mungotictis*, mais comme ce dernier n'existe que dans la partie centrale de forêts caducifoliées occidentales, les membres de ces deux genres ne vivent pas en sympatrie.

Parmi la classe alimentaire 3 des Eupleridae, deux espèces, *Mungotictis decemlineata* et *Galidictis grandidieri*, ont des distributions qui ne se chevauchent pas dans les forêts caducifoliées du Centre-ouest et du Sud-ouest. *Mungotictis*, qui est strictement terrestre et diurne ou crépusculaire, consomme essentiellement des invertébrés, des larves d'insectes et des œufs (Figure 23 ; 122, 133), qui sont déterrés du sol ou du bois pourri. Pendant la saison sèche, ce type de proies constitue un pourcentage important de son alimentation. Il attrape aussi des escargots et des vertébrés, notamment des reptiles, des oiseaux et des mammifères. Les restes de différents **taxons** de lémuriens ont été identifiés à partir de leurs **fèces**, y compris *Lepilemur ruficaudatus* ; cette dernière espèce pèse jusqu'à 850 g et on présume que ces restes proviendraient d'une **charogne** (Tableau 3). Des os du rongeur *Hypogeomys antimena*, qui pèse près de 1 kg, ont été aussi retrouvés dans les fèces de *Mungotictis*, il parait que ces restes proviendraient également d'un animal déjà mort. *Cryptoprocta* qui appartient à la classe alimentaire 1 est la seule espèce des Eupleridae avec une distribution qui chevauche celle de *Mungotictis* et ces deux animaux ont un régime alimentaire particulièrement différent.

*Galidictis grandidieri*, nocturne se nourrit principalement d'invertébrés,

**Figure 23.** *Mungotictis decemlineata*, **terrestre** consomme une grande variété de **proies**, notamment des **invertébrés** qu'il déterre du sol. Saisonnièrement, il se nourrit des œufs du lézard *Oplurus* qui sont pondus dans le sol. (Cliché par Harald Schütz.)

particulièrement de grandes blattes (*Gromphadorhina*) et, dans une moindre mesure, de sauterelles et de coléoptères (10). Parmi les vertébrés, le lézard *Oplurus*, des geckos, des oiseaux (y compris *Coua*), des petits mammifères (rongeurs et tenrecs), ainsi que des chauves-souris occasionnelles, sont parmi les éléments de son alimentation. Parmi cette gamme restreinte d'espèces, le seul Carnivora sympatrique présent est *Cryptoprocta*, qui a un régime très différent. *Viverricula*, qui a été **introduit** à Madagascar (voir p. 57), est connu dans la zone de répartition générale de *G. grandidieri*, mais le premier vit à l'extérieur de la forêt et le second en grande partie dans la forêt, on peut donc présumer qu'il y ait peu de chance de compétition potentielle entre ces animaux.

## REPRODUCTION

Les informations disponibles sur le **cycle annuel** de reproduction des Eupleridae sont limitées, et la plupart des données proviennent d'animaux en captivité. Les principales exceptions sont *Cryptoprocta* et dans une moindre mesure *Galidia*, pour lequel les informations sont basées sur des individus dans la nature. Nous ne connaissons aucune espèce d'Eupleridae chez qui le mâle s'occupe de sa descendance présumée. La seule exception probable est *Galidia*, chez qui les mâles et les femelles peuvent être vus avec des petits, supposés être les leurs. La plupart des espèces d'Eupleridae, en particulier les mâles, sont solitaires en dehors de periode d'accouplement, et les groupes observés sont généralement des femelles avec leurs petits. Les principales exceptions semblent être *Cryptoprocta ferox* et *Galidictis grandidieri*, où des groupes de plusieurs mâles ont été observés. Dans la seconde partie de ce livre, les informations connues de la reproduction de chaque taxon seront présentées. Ici, nous nous concentrons seulement sur les détails comparatifs entre *Cryptoprocta* et *Galidia*.

Dans les forêts **caducifoliées** de l'Ouest, qui ont une saison sèche bien plus prononcée que celle des forêts **sempervirentes** de l'Est, l'accouplement chez *Cryptoprocta* se produit entre septembre et décembre et les jeunes naissent entre décembre et janvier ; à l'Est, l'accouplement a été observé en octobre (6, 78). La saison de reproduction est peu définie chez *Galidia*, dont l'accouplement a lieu généralement entre juillet et novembre (6). La période de **gestation** rapportée pour *Cryptoprocta* est de 42 à 49 jours, et de 75 à 84 jours pour *Galidia* (6, 98).

Des détails considérables existent sur l'**écologie** reproductive de *Cryptoprocta*, et qui sont basés principalement sur des observations dans la nature (6, 78, 79, 81). La **copulation** a lieu généralement sur une branche d'arbre horizontale, à plusieurs mètres au-dessus du sol (Figure 24), alors que pour *Galidia*, elle a lieu au sol. Les arbres utilisés par *Cryptoprocta* pour ces séances d'accouplement sont réutilisés pendant de nombreuses années consécutives, et avec une précision remarquable quant aux dates interannuelles de l'événement. La femelle se couche sur son ventre sur la branche et le mâle la saisit avec les griffes de ses pattes antérieurs, les pattes postérieurs sont coincés en dessous, et elle propose son orifice génital. Pendant la séquence qui suit, la femelle pousse une série de miaulements, qui incite le mâle à la monter par derrière, légèrement de côté, il saisit la femelle par la taille avec ses pattes antérieurs, souvent en lui léchant le cou, ils peuvent ainsi commencer à copuler. Comme chez les chiens, pendant le coït, il y a un petit lien copulatoire, qui est difficile à briser si l'acte est interrompu. *Cryptoprocta* est particulièrement volage dans son **comportement** d'accouplement. De nombreux mâles ont été observés autour d'un arbre d'accouplement, et des interactions antagonistes impressionnantes se produisent entre eux étant donné qu'ils sont en concurrence pour accéder à la femelle réceptive.

Avant de s'accoupler, les mâles de *Galidia* poursuivent les femelles avec une intensité croissante, et les deux animaux marquent les objets proéminents avec le musc produit par les différentes glandes de leur corps (1, 6). En même temps, le mâle renifle à plusieurs reprises la région génitale de la femelle. La copulation a lieu après que la femelle sollicite le mâle en abaissant et en frémissant la partie

**Figure 24.** Chez *Cryptoprocta ferox*, la **copulation** a lieu généralement sur une branche d'arbre horizontale, souvent à plusieurs mètres au-dessus du sol. Les arbres utilisés pour ces séances d'accouplement sont réutilisés pendant de nombreuses années consécutives et presque toujours à la même période interannuelle. (Cliché par Harald Schütz.)

antérieure de son corps et en piétinant lentement de ses pattes postérieures. La morsure du cou ne semble pas se produire chez cette espèce. Le coït dure habituellement 10 à 30 secondes et comprend une séquence de 7 à 12 copulations pendant une période de 15 à 80 minutes.

La taille des portées chez *Cryptoprocta* est d'au moins deux jeunes, bien que des portées allant jusqu'à quatre petits aient été enregistrées, et chez *Galidia*, jusqu'à deux portées par an, chacune étant d'un seul petit (6). Les *Cryptoprocta* à la naissance pèsent moins de 100 g, ont une fine fourrure pâle et sont aveugles et édentés. Le développement est lent, les yeux s'ouvrent environ deux à trois semaines après la naissance. A ce moment, ils deviennent plus actifs et la couleur de la fourrure s'assombrit (Figure 25). Les petits de *Cryptoprocta* quittent le **terrier** où ils sont nés pour la première fois à environ quatre mois et demi, deviennent indépendants de leur mère à environ un an, et atteignent la maturité sexuelle vers trois à quatre ans. Chez *Galidia* les nouveau-nés sont nettement plus précoces que *Cryptoprocta*, pesant à la naissance, en moyenne 50 g (6). Les yeux des jeunes *Galidia* s'ouvrent au 4ème jour, les incisives apparaissent au 8ème jour et les prémolaires au 21ème jour, la marche débute au 12ème jour, le sevrage a lieu entre deux à deux et demi mois, et les jeunes commencent à chasser à trois mois.

**Figure 25.** La coloration du pelage des jeunes *Cryptoprocta* est gris clair. En devenant plus âgés, il apparait un changement net dans la coloration de la fourrure du dos qui devient fauve clair ou brun rougeâtre. Cet individu élevé en captivité, avait environ quatre semaines lorsque la photo a été prise. (Cliché par Harald Schütz.)

## DEPLACEMENTS ET DOMAINE VITAL

Des détails relativement précis sont disponibles sur les déplacements et le **domaine vital** de quelques espèces d'Eupleridae (*Cryptoprocta*, *Fossa* et *Galidia*), basés principalement sur des études utilisant des **colliers émetteurs**, la capture et le marquage, et les **pièges photographiques** (voir p. 70 pour plus de détails). Cet aspect de la recherche sur le terrain des Carnivora de l'île est indispensable afin de mieux comprendre les variations dans les modes de **dispersion**, les aspects des différences régionales et saisonnières dans la densité de population et le domaine vital. Ce type de données est essentiel pour évaluer correctement les statuts de conservation des différentes espèces.

Les densités de *Cryptoprocta* dans les forêts **caducifoliées** du Centre ouest sont estimées à un animal par 4 km$^2$, les femelles ayant des domaines vitaux allant jusqu'à 13 km$^2$, et les mâles jusqu'à 26 km$^2$ (78). Les domaines vitaux de différents individus ont montré un certain chevauchement, mais ceux des femelles ont tendance à être séparés les uns des autres, mais cela est en partie associé à des différences saisonnières probablement liées à la disponibilité en **proies** et en eau.

Dans un site de forêt **sempervirente**, la densité de *Fossa fossana* était élevée, avec 22 animaux différents pris au piège dans une zone d'environ 2 km$^2$ et 10 de ces animaux ont été recapturés (92). Ce projet de terrain a eu lieu pendant une période de deux semaines, durant la saison froide, lorsque les ressources alimentaires étaient censées être limitées. Au même endroit, quatre individus suivis par **télémétrie** ont donné des estimations de leur domaine vital allant de 0,073 à

0,522 km$^2$ (les deux sexes combinés). Les recherches dans le Parc National de Ranomafana à l'aide de pièges photographiques et basées sur les habitudes d'individus identifiables, ont fourni des estimations allant de 1,24 à 1,38 *Fossa* par km$^2$ (47).

L'estimation de la taille du domaine vital de *Galidia* vivant dans les forêts sempervirente de l'Est, extrapolée à partir des études de piégeage, était de 20 à 25 ha par individu (1, 6). Dans la même région, une étude à court terme de capture-marquage-relâche, estime que la densité s'élève à 37 animaux par km$^2$ (36).

Basé sur la recapture ou les observations d'animaux marqués, des estimations minimales peuvent être fournies concernant les déplacements des individus : pour *Cryptoprocta*, dans des forêts caducifoliées, un individu peut se déplacer en ligne droite sur plus de 7 km en 16 heures (79). Ensuite, pour *Galidia* dans des forêts sempervirentes, un animal marqué à 810 m d'altitude a été observé quelques jours plus tard à 1 200 m, et a parcouru une distance sur une ligne droite d'environ 2,5 km (61).

## ABRIS ET ASPECTS DE L'ORGANISATION SOCIALE

Les membres des Eupleridae utilisent différents types de sites où ils dorment et y élèvent leurs petits. *Cryptoprocta* vit dans des **terriers** souterrains, des crevasses rocheuses, ou des creux dans des gros troncs d'arbres ou des termitières. Ces sites sont souvent utilisés pour la mise bas et l'élevage des jeunes (6). *Eupleres* vit apparemment dans des terriers, mais étant donné ses griffes minces, il est probablement incapable de creuser ces structures. Les membres de ce genre sont connus pour dormir au pied des arbres et, au moins chez les subadultes, sur des branches d'arbre (132, voir p. 96). *Fossa* ne semble pas occuper des terriers creusés à même le sol, mais vit plutôt dans des cavités d'arbres creux et des abris rocheux (3, 9).

*Galidia* creuse ses propres terriers, qui peuvent être apparemment des structures complexes comprenant de nombreuses ouvertures. Dans les zones exposées de sols durs, les gîtes de *Galidia* comprennent des terriers creusés sous de grands arbres et dans les fissures du sol le long des berges, ou dans les bases de grands arbres creux, soit debout, soit couchés (57). Toutefois, dans les zones de roches nues, ils font leur gîte dans des crevasses rocheuses et des passages souterrains. Un autre membre de Galidiinae, *Galidictis grandidieri*, s'installe généralement dans le labyrinthe de trous et de grottes du plateau **karstique** de Mahafaly, principalement dans des zones de roches nues avec peu de végétation. Certains de ces nids font plusieurs mètres de profondeur, dans lesquels ces animaux **nocturnes** peuvent échapper à la chaleur intense de la journée. Dans certaines parties de leur **territoire**, loin des affleurements calcaires, les terriers se trouvent dans des arbres creux (105, voir p. 119).

## LES CARNIVORA INTRODUITS A MADAGASCAR

Comme mentionné précédemment, trois espèces de Carnivora ont été **introduites** à Madagascar : le chien **domestique**, *Canis lupus* (famille des Canidae), le chat sauvage, *Felis silvestris* et sa forme domestiquée, autrefois considérée comme *F. domesticus* (famille des Felidae), et la civette indienne, *Viverricula indica* (famille des Viverridae). Il est important de souligner que ces trois espèces sont chacune issue de familles différentes au sein de l'ordre Carnivora, et qu'aucune d'elles n'est étroitement liée **phylogénétiquement** aux Eupleridae, **endémiques** à Madagascar, ni à l'autre.

Il a été proposé que les chiens domestiques dériveraient à l'origine du loup, il y a de cela environ 15 000 ans, et que les chats domestiques descendraient du chat sauvage, il y a environ 10 000 ans auparavant (34, 136). Ainsi, quand les hommes sont arrivés à Madagascar il y a 2 400 ans (19), ces animaux domestiques avaient déjà plusieurs milliers d'années d'**élevage sélectif** dans différentes parties du monde. Il semblerait que les chiens et les chats domestiques n'aient pas été introduits à un stade précoce de la **colonisation** humaine de l'île, car aucun reste n'a été retrouvé dans les grandes concentrations d'os d'animaux déterrés entre le 11ème et le 14ème siècle dans l'**entrepôt** islamique de Mahilaka, au sud d'Ambanja (123, 125). Des restes de chiens ont été trouvés sur des sites **archéologiques** datant du 13ème au 15ème siècle et des restes de chats sur des sites du 16ème au 17ème siècle (126), ainsi que sur des sites à la fois **paléontologiques** et archéologiques (21).

Un nombre considérable de races de chiens de toutes tailles existent dans le monde. Toutefois, les premiers chiens domestiques auraient été semblables en apparence au loup. Le Coton de Tuléar est une race domestique, qui serait peut-être originaire de Madagascar, bien que de nombreuses autres races présentant un large assortiment d'**hybrides** et de **rétrocroisements** y soient présentes. Il existe deux théories sur la façon dont le Coton de Tuléar est arrivé à Madagascar. La première est qu'il est peut-être arrivé sur l'île avec les troupes françaises ou les administrateurs du 17ème siècle et a été la race préférée de la région de Toliara. L'autre théorie est que les ancêtres de cette race ont été amenés sur l'île au 16ème ou 17ème siècle à bord de navires pirates, potentiellement pour lutter contre les rats (40).

De nos jours, les chiens peuvent être des animaux domestiques vivant en étroite relation avec les humains, comme des **animaux de compagnie**, en partie sauvages dans les zones urbaines et rurales, ou retournés à l'état sauvage (**marronnage**). Dans les villes et villages, les chiens sont souvent gardés pour des raisons de sécurité et pour contrôler certains ravageurs, principalement comme *Rattus* qui a été introduit (32).

Les chiens sont également utilisés pour chasser différentes sortes d'animaux, y compris les membres de la famille des Tenrecidae, particulièrement les genres *Tenrec* et *Setifer*. Parfois, ces chiens de chasse s'éloignent du groupe et sont abandonnés dans la forêt. Dans d'autres cas, ils ne sont pas correctement nourris lors de ces expéditions de chasse et ils recherchent alors des **proies** qui vivent dans la forêt. Dans les deux cas, ils se nourrissent d'animaux sauvages. La présence de chiens errant dans la forêt est une raison possible du déclin de certains mammifères, notamment *Hypogeomys antimena*, dont la population restante est limitée au Menabe central (141). Apparemment, il y a peu de concurrence pour les ressources alimentaires entre les chiens chassant dans les zones boisées et les *Cryptoprocta* endémiques, en effet, les deux ont des périodes différentes d'activité et n'ont pas tendance à vivre dans les mêmes zones boisées (48). Une littérature abondante existe sur l'histoire naturelle et le comportement des chiens domestiques et des loups (par exemple, 22, 109).

Le chat domestique, qui a classiquement reçu le nom de *Felis domesticus* et introduit à Madagascar, dérive du chat sauvage (*F. silvestris*). Depuis de nombreuses années, la question pour savoir si les chats sauvages existent à Madagascar, par rapport aux souches domestiques, n'est pas claire. Bien que des données **génétiques** ne soient pas encore disponibles pour répondre à cette question, il est certain que les chats sauvages (*kary*) et les chats domestiques (*piso*, *saka*) ont tous deux été introduits à Madagascar. Il existe de nombreux rapports dans la littérature sur des animaux dont le

**phénotype**, d'après des échantillons recueillis à Madagascar, correspondrait à celui du chat sauvage (94).

Etienne de Flacourt, basé à Fort Dauphin (aujourd'hui appelé Tolagnaro), a été le représentant de la « Compagnie des Indes Orientales » dans la seconde moitié du 17ème siècle et un remarquable chroniqueur des aspects biologiques et culturels de la région. Il a noté « *Saca* c'est un chat sauvage, il y en a de beaux. Ils s'accouplent avec les chats domestiques » (41, p. 220).

Les chats sauvages existent encore dans de nombreuses zones forestières de Madagascar, ils sont nettement plus grands que les chats domestiques et sont phénotypiquement semblables aux chats sauvages. Chez ces derniers, la queue présente généralement des cercles sombres et se termine avec un bout foncé (Figure 26). Dans de nombreuses régions de l'île, en particulier les forêts **caducifoliées** et le **bush épineux**, les populations de chats sauvages y vivent encore aujourd'hui et sont presque certainement en contact direct avec les espèces endémiques et introduites de Carnivora.

Pour autant, nous savons que Madagascar ne dispose pas de races spéciales de chats domestiques, et ces animaux ne sont utilisés que comme des animaux de compagnie. Dans les zones urbaines et rurales, les chats domestiques sont retournés à l'état sauvage et se sont sans doute **hybridés** avec des chats sauvages. Il existe certaines preuves qu'en forêt, il y a une **compétition** pour les ressources alimentaires entre *Galidia elegans* et *Felis* (49). En outre,

**Figure 26.** Deux différents types de chats ont été **introduits** à Madagascar, le chat **domestique** qui est un **animal de compagnie** et le chat sauvage qui continue à vivre dans les zones boisées de l'île. Les chats sauvages ressemblent à certaines variétés domestiques de chats, mais ils sont plus grands, avec un pelage tigré et la queue présente souvent des cercles sombres et se termine d'une pointe noire. L'animal illustré ici est un chat sauvage de la forêt de Beanka, à l'Est de Maintirano. (Cliché par Matthias Markolf.)

*Felis* ainsi que d'autres Carnivora introduits, sont connus pour chasser les lémuriens (17).

La troisième espèce de Carnivora introduite à Madagascar est *Viverricula indica* ou la civette indienne. Cet animal a un pelage brun, fauve ou gris, marqué d'anneaux noirs et blancs sur le cou, une série de petites taches sur le dos, qui se transforment en six à huit bandes sur le bas du dos (Figure 27). La queue est cerclée de noir et blanc.

La période et la façon dont cette espèce a été introduite sont encore inconnues. Sa répartition naturelle s'étend de l'Asie du Sud à l'Asie du Sud-est, ainsi que sur quelques

portions d'Indonésie. Un des noms **vernaculaires** malgaches pour cette espèce est *jaboady*. Ce mot est notamment proche du mot kiswahili et arabe *zabadi*, qui signifie « le musc de civette » (14). Cela pourrait être le signe que les commerçants maritimes transportaient cette espèce à Madagascar pendant la période islamique en passant entre l'Asie du Sud-est et l'océan Indien occidental. Le fait qu'elle ait été introduite à Madagascar, ainsi qu'aux Comores, sur l'île de Socotra et à Zanzibar, des endroits faisant tous partie du réseau commercial (**entrepôt**) de la période islamique, a plus de crédibilité grâce

**Figure 27.** Illustration de *Viverricula indica*, une espèce de civette de la famille des Viverridae **introduite** à Madagascar à partir d'Asie du Sud ou d'Asie du Sud-est, peut-être dans le but d'obtenir une sorte de musc pour la fabrication de parfum à partir de ses glandes. (Dessin par Velizar Simeonovski.)

à cette **hypothèse**. Cette introduction peut avoir été associée à l'utilisation de leurs glandes dans la production de parfum. Les restes osseux d'un Viverridae, peut-être *Viverricula*, ont été identifiés à Mahilaka et les échantillons ont donné une date **radiocarbone** de 1 030 BP ± 65 (125). En outre, les os de cette espèce ont été identifiés sur différents sites **paléontologiques/ archéologiques** (74).

*Viverricula indica* est largement distribué sur presque l'ensemble de Madagascar et les îles proches des côtes (Sainte Marie, Nosy Be et Nosy Komba), avec une exception possible dans les régions les plus sèches du Sud-ouest ; bien qu'il ait été enregistré dans le voisinage du Parc National de Tsimanampetsotsa. Il se rencontre généralement à proximité d'installations humaines ainsi qu'à l'**écotone** entre milieux forestiers et **anthropiques** (46). Il est connu dans une large gamme d'altitudes, à partir du niveau de la mer jusque aux zones montagneuses, aux alentours de 1 500 à 2 000 m (87).

Des études récentes ont montré que dans les zones boisées où *Viverricula* et des chiens sont présents, l'espèce **autochtone** *Galidia elegans* a subi un décalage apparent de ses périodes d'activités **temporelles** (48). Ce phénomène s'est produit dans les zones restantes de forêts fragmentées et avec des densités élevées de *Viverricula*, spécifiquement aux écotones entre l'habitat anthropogénique et la **lisière** de la forêt (48, 49). Ainsi, la présence de ces Carnivora introduits peut en effet avoir un impact négatif sur les espèces endémiques. Par exemple, les populations sauvages de *Viverricula* en Asie sont connues pour transporter de nombreux **endoparasites** intestinaux et des maladies (143), et la population à Madagascar peut être le réservoir des différents agents pathogènes qui peuvent être transmis aux Eupleridae ou aux autres mammifères endémiques.

## LES CARNIVORA ACTUELS ET ENDEMIQUES DE MADAGASCAR ET LEUR DISTRIBUTION

Les deux dernières décennies de recherche sur le terrain à Madagascar nous ont permis de découvrir des nouvelles informations importantes concernant les Carnivora de l'île. Depuis le moment où des chercheurs tel que le Dr Roland Albignac ont travaillé sur les Carnivora malgaches, des nouvelles informations sont devenues disponibles, basées particulièrement sur les efforts des travailleurs sur le terrain et sur de nombreux inventaires biologiques dans des portions de l'île auparavant inconnues ou mal connues. Cela dit, la plupart des études menées par les précédentes générations de chercheurs restent les plus complètes et exactes à ce jour. Cependant, il reste beaucoup à apprendre et les Carnivora malgache peuvent être considérés comme les plus mal connus parmi les mammifères terrestres de l'île.

Comme il a été discuté en détail précédemment (voir p. 26), l'une des découvertes remarquables de ces dernières années, basée sur des études de **génétique moléculaire**, est que tous les Carnivora **endémiques** malgaches appartiennent à une seule famille, celle des Eupleridae, qui n'existe nulle part ailleurs. Cette famille représente une **colonisation** unique de Madagascar et une **radiation adaptative** ultérieure (155), ayant peu d'équivalents parmi les Carnivora du monde. Les arrangements **taxonomiques** précédents ont placé les animaux maintenant considérés comme des Eupleridae, en trois familles différentes de Carnivora (Felidae, Viverridae et Herpestidae),

ce qui implique de multiples colonisations de l'île. Les résultats des recherches **génétiques** nous aident à régler une longue série de points de vue contradictoires sur l'**origine** et la **systématique** des Carnivora **autochtones** de Madagascar.

Actuellement, 10 espèces d'Eupleridae sont reconnues (Tableau 2). Il s'agit entre autres les deux espèces qui ont été nommées dans les 25 dernières années, *Galidictis grandidieri* (150, 151) et *Salanoia durrelli* (37). D'autres changements apportés récemment à la taxonomie des Carnivora malgaches comprennent la reconnaissance du fait que la sous-espèce, *Eupleres goudotii major*, devrait plutôt être considérée comme une espèce distincte sous le nom d'*E. major* (60). Cette décision fut basée sur la **morphologie** et les distributions de ces deux taxons et cette suggestion doit encore être testée grâce à la génétique moléculaire.

D'autres aspects de la taxonomie des Eupleridae doivent encore être approfondis, principalement si les deux sous-espèces de *Mungotictis*, *M. d. decemlineata* de la région de Menabe et *M. d. lineata* de la forêt de Mikea, devraient plutôt être considérées comme des formes géographiques de la même espèce ou comme des espèces distinctes (69). Cette question devrait être facilement résolue par des outils de génétique moléculaire.

Ensuite des études **phylogéographiques** récentes des différentes sous-espèces reconnues de *Galidia elegans* ont montré des

**divergences** considérables entre ces formes (voir p. 112), en particulier pour les animaux de l'Ouest qui ont été classiquement placés sous le nom de *G. e. occidentalis* (12). Au moins cette sous-espèce mériterait sans doute d'être considérée comme une espèce à part entière.

Dans le Tableau 5, des informations sur les Eupleridae évoluant dans les principaux types de forêts (**sempervirente, caducifoliée** et **bush épineux**) de l'île sont présentées. La grande majorité de ces sites sont des aires protégées et la faune carnivoran présente localement est assez bien connue. Plusieurs tendances générales émergent sur la base des distributions présentées dans le tableau. Les forêts sempervirentes ont la plus grande diversité en espèces, avec un maximum de six taxons par site, dont la plupart ont des distributions larges à travers ce type d'habitat. En fait, la plupart des sites partagent les cinq mêmes espèces, à l'exception de Masoala et de Mananara, où une sixième espèce, *Salanoia concolor*, habite les forêts de basse altitude.

Deux sites de la forêt sempervirente mentionnés dans le tableau ont des mesures de la richesse en espèces particulièrement faibles. Le premier est Tampolo, qui est une **forêt littorale** reposant sur des sols sableux, moins productifs que ceux de forêts légèrement plus élevées et poussant sur un sol latéritique. En outre, la forêt de Tampolo est un **fragment** isolé, et ces deux facteurs expliquent sans doute le faible nombre d'Eupleridae présents localement. Deux des espèces trouvées à Tampolo, *Cryptoprocta ferox* et *S. concolor*, sont particulièrement rares dans ce bloc forestier et à cause de la pression humaine, elles sont probablement sur le point de devenir localement éteintes (**extirpation**).

Le deuxième site, Ambohitantely, a également été fortement fragmenté et isolé d'autres forêts (Figure 28) et la seule espèce d'Eupleridae localement présente est *Cryptoprocta*, qui a la capacité de se déplacer à travers la **savane anthropogénique** (voir p. 87). La preuve de la présence de ce taxon à Ambohitantely est basée sur des **fèces**. Le site voisin, Anjozorobe avec ses cinq espèces d'Eupleridae, est encore un bloc relativement grand et était encore rattaché à d'autres forêts de l'Est le long de l'escarpement est des Hautes Terres centrales jusqu'à il y a une dizaine d'années. Ainsi, une comparaison des sites d'Ambohitantely et d'Anjozorobe fournit une preuve claire de l'impact de la fragmentation et de l'isolement des forêts sur les Carnivora endémiques malgaches, conduisant à l'extirpation des espèces.

Les six sites listés dans le Tableau 5 pour la forêt caducifoliée, ont tout au plus trois espèces d'Eupleridae. C'est nettement moins que dans des sites typiques de forêts sempervirentes, qui ont cinq à six espèces. Un autre aspect important de la composition en espèces des Carnivora des forêts caducifoliées, comme dans les sites d'Ankarana au nord ou de Mikea dans le sud, est le plus grand « turnover » ou renouvellement des espèces par rapport à la forêt sempervirente, avec sa faune conséquente en Carnivora à travers ses 1 200 km de long du côté oriental de l'île. Au sein de la

**Tableau 5.** Espèces de Carnivora **endémiques** de la famille des Eupleridae recensés dans différentes localités de Madagascar. Nous avons inclus des sites ou des informations sont relativement bien connus. Certains taxa de la Grande Île ne sont pas listés ici car leur distribution géographique ne couvre pas les sites mentionnés. Les colonnes en bleu sont les forêts **sempervirentes**, en vert les forêts **caducifoliées**, et en marron le **bush épineux** (28, 29, 30, 31, 35, 54, 60, 61, 70, 91, 112, 121, 132, 135). Pour un même type de forêt, les sites sont classés du nord au sud.

| Site | Montagne d'Ambre | Marojejy | Masoala | Mananara | Tampolo | Ambohitantely | Anjozorobe | Analamazaotra-Mantadia | Ranomafana | Andringitra | Midongy-Sud | Andohahela (parcel 1) - Tsitongambarika | Ankarana | Ankarafantsika | Bemaraha | Kirindy (CNFEREF) | Isalo | Mikea[3] | Tsimanampetsotsa |
|---|---|---|---|---|---|---|---|---|---|---|---|---|---|---|---|---|---|---|---|
| *Galidia elegans* | + | + | + | + | + | - | + | + | + | + | + | + | + | - | + | - | - | - | - |
| *Galidictis fasciata* | - | + | + | + | - | - | + | + | + | + | + | + | - | - | - | - | - | - | - |
| *Galidictis grandidieri* | - | - | - | - | - | - | - | - | - | - | - | - | - | - | - | + | - | + | + |
| *Mungotictis decemlineata* | - | - | - | - | - | - | - | - | - | - | - | - | - | + | - | + | - | + | - |
| *Salanoia concolor* | - | - | + | + | + | - | - | - | - | - | - | - | - | - | - | - | - | - | - |
| *Cryptoprocta ferox* | + | + | + | + | + | + | + | + | + | + | + | + | + | + | + | + | + | + | + |
| *Eupleres goudotii* | + | + | + | + | - | - | + | + | + | + | + | + | +[4] | + | + | - | - | - | - |
| *Eupleres major* | +[1] | - | - | - | - | - | - | - | - | - | - | + | - | - | - | - | - | - | - |
| *Fossa fossana* | + | + | + | + | - | - | + | + | + | + | + | + | + | - | - | - | - | - | - |
| Nombre total d'espèces par site | 5 | 5 | 6 | 6 | 3 | 1 | 5 | 5 | 5 | 5 | 5 | 5 | 3 | 3 | 2 | 2 | 1 | 2 | 2 |
| Nombre total d'espèces par habitat | | | | | 6² | | | | | | | | | | 5 | | | | 2 |

[1] *Eupleres major* est présent à des altitudes plus basses dans la forêt sèche et *E. goudotii* est présent à des altitudes plus hautes dans la forêt humide (60).

[2] Cette figure n'inclut pas *Eupleres major*, qui se trouve dans la forêt caducifoliée à la base du massif.

[3] Ce site est une zone de transition entre la forêt caducifoliée et le bush épineux.

[4] Rapporte dans ce parc (31), mais sa présence locale a besoin d'une vérification supplémentaire.

**Figure 28.** La Réserve Spéciale d'Ambohitantely est un site important pour étudier les impacts de la **fragmentation** forestière sur différentes espèces de **vertébrés**. Autrefois, la zone était un bloc continu de forêt, mais la **déforestation** et les différentes modifications **anthropiques** de l'**habitat** naturel l'ont réduit à plus de 500 fragments, dont la taille varie de 1 250 ha à moins de 1 ha. A l'exception d'un *Cryptoprocta* occasionnel, tous les Eupleridae semblent avoir localement disparu. (Cliché par Olivier Langrand.)

forêt caducifoliée, certains taxons ont des distributions relativement limitées, en particulier *Eupleres major* et *Mungotictis decemlineata*. Seul un site de bush épineux a été inclus dans le Tableau 5, Tsimanampetsotsa, qui est connu pour avoir deux Eupleridae, dont l'un, *Galidictis grandidieri*, est localement endémique. Dans la plupart des habitats de bush épineux restants, *Cryptoprocta ferox* est le seul Carnivora autochtone localement présent.

En général, la forêt sèche qui est composée de la forêt caducifoliée et du bush épineux, a une faune différente en Carnivora par rapport à la forêt sempervirente. A l'exclusion de *Fossa fossana* à Ankarana et *Galidia elegans* qui s'étend aussi loin au sud que Bemaraha, il existe peu de chevauchements chez les Eupleridae vivant dans l'Est et l'Ouest de Madagascar. L'exception à la règle est *Cryptoprocta ferox*, qui est présent sur tous les sites mentionnés dans le Tableau 5.

Les programmes de recherche sur les Carnivora malgaches orchestrés au cours des 15 dernières années ont fourni des informations considérables sur la distribution, l'**écologie** et la **systématique**. La description d'une nouvelle espèce en 2010, *Salanoia durrelli*, souligne à quel point ce groupe est peu connu. Un grand nombre d'informations sur leur **histoire naturelle** reste à découvrir, et les aspects critiques liés à leur conservation, tels que la **dispersion**, la variation de l'alimentation, les interactions **prédateur-proie**, le **territoire** et l'**écologie** de reproduction, ont vraiment besoin d'être approfondis. Enfin, les aspects liés à la santé, allant des **endoparasites** et **ectoparasites** à l'**épidémiologie**, y compris la transmission de maladies des Carnivora **introduits** à des taxons **endémiques**, sont des domaines qui doivent être étudiés plus à fond.

## LES CARNIVORA DANS LA TRADITION MALGACHE

En général, ce sont les gens qui vivent dans les campagnes, en particulier près des **habitats** forestiers naturels, qui sont familiers avec les Carnivora de la famille des Eupleridae. Le plus connu est certainement *Cryptoprocta* qui, selon Decary (24) : « Malgré son nom évocateur, malgré la crainte que les indigènes éprouvent pour lui, il n'est pas en réalité dangereux pour l'homme.... Répandu dans toute l'île, le Cryptoprocte possède une réputation justifiée de destructeur de volailles.... Les tribus du Sud-est vont jusqu'à prétendre qu'il pénètrerait aussi bien dans les cases pour emporter les enfants nouveau-nés, que dans les tombeaux où il se repaîtrait de cadavres ! Inutile d'ajouter que ces assertions paraissent tenir de la pure légende. ». Comme on peut facilement imaginer avec une bête comme *Cryptoprocta*, un certain nombre de notions exagérées ont circulé. Par exemple, il existe des rapports d'un agent forestier de Morondava qui a « capturé dans son poulailler un *fosa* de deux mètres de longueur, pesant trente kilogrammes ! » (101).

Etant donné que la plupart des Eupleridae vivent dans les forêts, il y a peu de possibilités qu'ils aient accès à des volailles **domestiques**, présentes dans les villages en dehors de la forêt. Il existe toutefois des cas documentés de *Cryptoprocta* pillant les cages des animaux domestiques, comme lors d'un incident avec 70 poules et 10 lapins (101). Parfois, l'identité du **prédateur** réel est probablement confondue avec *Viverricula indica* ou des chiens, les deux espèces **introduites** à Madagascar. Il a déjà été noté que les chiens vagabonds du Sud et du Sud-ouest peuvent attraper un nombre considérable de poulets domestiques et que les chats sauvages (*Felis sylvestris*) peuvent également entrer dans les villages et tuer différentes sortes de volailles (24).

Dans de nombreuses régions de l'île, des pièges sont posés dans la forêt, à l'**écotone** entre la forêt et les zones **dégradées**, ou dans des villages afin de capturer des Carnivora. Dans de nombreux cas, une fois capturés et abattus, les animaux sont consommés, leurs peaux utilisées pour une variété d'usages domestiques, et certaines parties de leurs corps sont destinées pour faire des potions magico-médicales et des talismans.

Au cours des dernières années, il est devenu clair qu'une certaine pression, jamais reconnue auparavant, sur les animaux vivant dans la forêt, est la chasse par l'homme pour la **viande de brousse** (**gibier**). Dans de nombreuses régions de l'île, ce problème a conduit à des zones boisées restées relativement intactes, mais particulièrement dépourvues en lémuriens, Carnivora et tenrecs. Les populations locales les ont surexploité comme une source de protéines. Ces « forêts silencieuses » sont particulièrement présentes dans les forêts **caducifoliées** du Centre-ouest, y compris les aires protégées existantes où un assortiment de mammifères, incluant les Carnivora tel que *Cryptoprocta* sont consommés (43, 63, 144, 148). Ceci va à l'encontre des observations faites au cours de la première moitié du 20ème siècle, concernant la consommation de la chair de Carnivora chez les malgaches. Il a ainsi été mentionné que « jamais ils ne la mangent » (24). Cette déclaration pourrait être une simplification excessive, comme il est prouvé que les Carnivora ont été consommés au cours du temps historique par le malgache (voir p. 19). Comme même, il est possible qu'avec l'augmentation des populations humaines sur l'île, l'exploitation de la viande de brousse devient une pression croissante dans le temps.

Des travaux récents sur l'utilisation des ressources forestières dans la région de Makira, à l'ouest de Maroantsetra, une zone qui compte encore d'importantes zones boisées, par Chris Golden ont mis en évidence un nombre important de gens locaux qui consomment de la viande de brousse (50, 51, 52). Dans cette partie de l'île, l'élevage de bétail domestique,

tels que les bovins et les poulets, n'est pas très productif et les ressources de viande sauvage fournissent d'importants aspects nutritionnels, notamment chez les enfants en pleine croissance (53).

Différentes méthodes sont utilisées pour piéger les Carnivora **endémiques** et **introduits** dans la partie nord de l'île. Beaucoup de ces pièges sont ingénieux et il faut être très méticuleux dans leur construction et leur installation. Basé sur le travail de Chris Golden, des détails concernant deux pièges installés dans la forêt de Makira peuvent être présentés ici. Le style de piège localement appelé *antombato* (Figure 29) est similaire aux pièges utilisés dans d'autres parties de Madagascar pour capturer les lémuriens, sauf qu'il est appâté avec du poisson ou des viscères de poulet. L'animal grimpe sur la branche qui porte le piège pour atteindre l'appât, passe son cou dans le collet, déclenchant le piège et faisant ainsi tomber une lourde pierre attachée à l'appareillage. Le collet se resserre autour de la gorge de l'animal provoquant la suffocation. Un deuxième type de piège utilisé localement, connu sous le nom de *katrana*, est souvent placé à proximité ou au-dessus des poulaillers (Figure 30). Le Carnivora cherchant une **proie** potentielle, place sa tête dans le piège pensant que l'espace ouvert est un point d'accès à sa proie, et son cou reste coincé dans les cordes adjacentes, qui tel un « piège à doigts chinois » deviennent de plus en plus serrées au fur et à mesure que l'animal lutte pour se libérer.

Un autre style de piège utilisé à l'Est est connu sous le nom de *tambika*

**Figure 29.** Plusieurs types de pièges sont utilisés dans la partie nord de Madagascar pour capturer les Carnivora, et le style présenté ici est celui trouvé dans la forêt de Makira. *Antombato* - quand un animal passe sa tête dans le collet, une lourde pierre attachée à l'appareillage tombe, enserrant son cou et étouffant la bête. (Cliché par Chris Golden.)

(24). Dans ce cas, le piège est installé directement sur le sol le long d'un sentier fréquenté par les animaux cibles (Figure 31). Le dispositif est constitué d'un système compliqué de cordes. L'animal passe son cou dans l'étau en essayant d'attraper l'appât, déclenchant le mécanisme et entraînant sa capture. De nombreux autres types de pièges sont utilisés dans différentes parties de l'île pour capturer des animaux **terrestres** à quatre pattes (**quadrupèdes**) de taille moyenne tels que les Carnivora endémiques et introduits (24).

Parfois, des parties du corps d'Eupleridae ou leurs dérivés servent à la fabrication de potions médicinales et magiques. Par exemple, parmi les groupes culturels du Sud-est et de l'extrême Sud, la queue de *Galidia elegans* est utilisée pour faire une sorte de talisman appelé *kelibotsike* ou *volombotsira*. Cet ornement est employé exclusivement par les femmes et est soit attaché dans les cheveux ou dans le dos, ou enfilés sur un collier comme pendentif (24). Ce type de talisman est aussi fabriqué à partir de queues d'*Eupleres*.

Chris Golden a remarqué des queues séchées de *Galidia* et *Viverricula* accrochées au rétroviseur d'un taxi-brousse sur la route allant

**Figure 30.** Plusieurs types de pièges sont utilisés dans la partie nord de Madagascar pour capturer les Carnivora, et le style présenté ici est celui trouvé dans la forêt de Makira. *Katrana* - placé à proximité des poulaillers, une fois qu'un Carnivora passe sa tête dans le nœud coulant, et par une méthode ingénieuse, les cordages enserrent le cou de l'animal. (Cliché par Chris Golden.)

de Sambava à Vohémar (Figure 32). Selon le chauffeur, ce talisman protège le taxi-brousse contre les contrôles de la police ! Différents produits extraits à partir de Carnivora sont utilisés dans l'**ethno-pharmacopée** locale. Par exemple, dans le Nord-est, l'huile de *Cryptoprocta* entre couramment dans

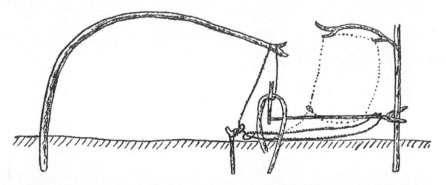

**Figure 31.** Cette illustration est celle d'un piège à animaux utilisés dans l'Est de Madagascar connu sous le nom de *tambika*. Différents animaux de taille moyenne, dont *Cryptoprocta* et d'autres Carnivora peuvent être piégés par ce dispositif. (D'après 24.)

**Figure 32.** Différentes parties de Carnivora sont destinées à des fins comme des potions magiques. Il s'agit notamment des queues de *Galidia* et *Viverricula* accrochées aux rétroviseurs des taxis-brousses Sambava-Vohémar comme un talisman qui les protègera des contrôles de la police le long de la route. (Cliché par Chris Golden.)

le traitement de la douleur de l'oreille (Figure 33).

Voici une série de contes populaires qui concernent des Eupleridae ou des autres Carnivora introduits. La première concerne la tortue d'eau et le *vontsira*.

> « Jadis la tortue d'eau et le *vontsira* (*Galidia*) étaient de bons compagnons qui erraient ensemble à la recherche de leurs aliments. Ayant aperçu dans la forêt des abeilles qui leur firent découvrir une ruche en haut d'un arbre, la tortue essaya la première d'y grimper, mais trop lourde, retomba à terre. Le *vontsira*, plus agile, s'élança et atteignit la ruche ; il se régala de miel, n'envoyant à la tortue qui le regardait du bas que de la cire desséchée et inconsommable. « Patiente un peu, cria-t-il, j'en emplis une calebasse pout toi ; tu l'auras bientôt ». La tortue, qui avait compris que son ami était un égoïste qui cherchait à la tromper, fit semblant de la croire, mais se promit d'avoir sa revanche. Bientôt le *vontsira* redescendit à terre, porteur de la calebasse pleine de miel : « Tu le mangeras plus tard, lui dit-il, bientôt la nuit sera là, et il faut d'abord rentrer dans nos cases ». Ils se mirent en route et arrivèrent au bord d'une rivière. Le *vontsira* ne sachant pas nager, la tortue lui proposa de le prendre sur son dos pour traverser l'eau. « Mais laisse la calebasse sur la rive ; elle est trop lourde et je ne pourrais vous porter tous deux ; je reviendrai la chercher ensuite. » Lorsque

**Figure 33.** Différentes parties de Carnivora sont utilisées à des fins comme des potions médicinales. Pour exemple, l'huile de *Cryptoprocta* conservé dans des bouteilles de boissons gazeuses est un traitement courant dans le Nord contre les maux d'oreilles. (Cliché par Chris Golden.)

le *vontsira* fut transporté de l'autre côté, la tortue retourna, mais au lieu de rapporter le récipient, elle se mit à se délecter de son contenu malgré les protestations du *vontsira* qui comprit alors, mais trop tard, la ruse de la tortue. Plein de colère, il voulut traverser coûte que coûte la rivière pour aller châtier l'audacieuse ; mais l'eau entra dans sa fourrure,

l'alourdit, il fut entraîné par le courant et se noya. » (24).

Un aspect intéressant de ce conte est que *Galidia* est en fait capable de nager et a été observé à plusieurs reprises traversant des rivières et chassant facilement dans l'eau. On peut donc déduire que les éléments de ce conte ne sont pas tirés d'observations directes dans la nature.

La deuxième raconte une histoire sur le Coq et le Chat sauvage.

« Jadis, un chat sauvage rencontra près d'un petit village un coq de bonne mine en habit d'apparat. L'hypocrite aussitôt se dit : « Pour une guerre ou pour un grand combat ce coq a dû s'armer : Le provoquer serait peut être téméraire ! De sa force réelle il vaut mieux m'informer. » Puis abordant l'oiseau : « O toi dont l'attitude est si fière, dit-il, tes ailes sont si rudes, tes ergots longs et durs me semblent si pointus, ton bec a l'air si redoutable, que tous ceux qui se sont battus avec toi ont dû sortir méconnaissables de ce diabolique tournoi ! Par ma foi, répond le vaniteux en secouant ses plumes, il est peu de gens assez sots pour risquer de voir mes ergots transformer en haillons leur des ânes ont exposé naïvement leurs crânes aux coups secs de mon bec ! Ils s'en sont mal trouvés ! D'un seul battement d'aile d'ailleurs, j'excelle à priver pour toujours mes malheureux rivaux de l'espoir d'assister à des matins nouveaux. » Le chat, fort peu troublé par tant de vantardise, se reprocha sa couardise. Une chose pourtant l'inquiétait encore. Il reprit : « cette crête ardente qui pare la tête, ne brûle-t-elle pas l'imprudent qui la mord ? » Le coq, très amusé, répondit : « Les parures, pauvre innocent ! Jamais ne causent de brûlures ! » Rassuré, cette fois, le chat n'hésita plus, et l'oiseau fanfaron fut bien vite abattu : Happé avec vigueur par surprise, sans lutte, sa tête fut broyée en moins d'une minute ! Fourbes, coquins, fripons, de mon chat ont les traits. Ils nous sondent d'abord, et nous roulent après. » (97).

## STATUT ET CONSERVATION

Tous les membres de la famille des Eupleridae vivent dans la végétation native restante de Madagascar, dont la plupart des espèces sont **dépendantes** de la forêt, et la **fragmentation** de ces **habitats** a un impact négatif sur ces animaux (49). Par conséquent, leur avenir est intimement lié à la protection des **écosystèmes** de forêt naturelle de l'île. Au cours du dernier demi-siècle, Madagascar a perdu près de 40% de son couvert forestier naturel et la taille des forêts restantes a été fortement réduite (75).

Des mesures ont été prises par le gouvernement malgache à partir de 2003 afin de freiner cette destruction de l'habitat, notamment le « Plan Durban » qui a pour but de tripler les zones de conservation, menant environ 10% de la superficie de l'île dans le système des aires protégées. Cette initiative a bien avancé jusqu'à la crise politique de 2009, mais peu après, l'exploitation des ressources naturelles de l'île, même dans les zones protégées, est devenue anarchique et le système judiciaire qui devrait faire respecter les lois environnementales s'est écroulé. Cela reste un problème grave jusqu'à fin 2011, lorsque le texte de cet ouvrage a été achevé.

Les origines de la crise biologique de Madagascar sont ancrées dans des problèmes socio-économiques. Avant la crise politique de 2009, la plupart de la destruction des forêts est associée à différentes formes de pratiques de **subsistance**, y compris l'agriculture sur brûlis et la création de pâturages pour le bétail. De plus, chaque année, des zones considérables de forêts naturelles sont transformées en charbon de bois et en bois de chauffage, sources d'énergie servant à cuire la nourriture. Enfin, la présence du bétail dans les écosystèmes forestiers quasiment intacts malgaches peut avoir un impact négatif drastique sur la végétation basse, qui à son tour influe sur la distribution et la dynamique des **populations** des **proies** dont les Eupleridae se nourrissent.

Ces causes de destruction sont en opposition avec la plupart des « **hotspots** » de **biodiversité** du monde entier, où l'exploitation commerciale forestière ou le remplacement des forêts par l'agriculture commerciale sont les forces motrices de la dévastation. Suite à la crise de 2009, l'exploitation commerciale des ressources naturelles et minérales de l'île est devenue un problème croissant et a notamment modifié la nature de la crise biodiversité de l'île.

Un des problèmes clés dans la détermination du statut de conservation de la plupart des Eupleridae est le manque d'informations détaillées sur leur répartition et la dynamique des populations. Comme la plupart des espèces de Carnivora sont **nocturnes**, ils sont notamment difficiles à observer et à suivre. De récentes explorations biologiques dans des zones boisées, en particulier dans des zones auparavant inconnues ou mal connues, basées sur des observations nocturnes et des piégeages, ont amélioré la connaissance sur ces animaux. Ces recherches sur le terrain offrent des aspects intéressants et nouveaux concernant les espèces présentes dans un site, et certaines déductions sur des traits de leur **histoire naturelle**. Comme la technologie progresse, de nouveaux dispositifs et techniques ont été utilisés dans des études sur le terrain des Carnivora malgaches donnant ainsi un aperçu bien plus détaillé de l'**écologie** et de la dynamique des populations de ces animaux.

Une des méthodes adoptées est de prendre des photos, sans intervention humaine, des animaux vivant dans la forêt lors de leur passage le long d'un sentier. Cette technique est appelée « **piège photographique** » et est un bon moyen pour estimer la densité et l'abondance des animaux de taille moyenne, tels que les Eupleridae (Figure 34). Brian Gerber et ses collègues ont utilisé cette technique dans des zones de forêts **sempervirentes** du Centre-est (46, 48, 49), dans lesquelles un certain nombre de stations ont été mis en place dans une parcelle de forêt, chaque station avec deux pièges photographiques légèrement surélevés sur les côtés opposés d'un sentier. Quand un animal passe devant les appareils photos, cela déclenche un capteur de mouvement, les images sont prises simultanément par les deux appareils, photographiant donc les deux côtés de l'animal. Ces deux images d'un même animal permettent souvent l'identification des individus, basée sur des marques distinctives, des plaies cicatrisées ou d'une coloration particulière du pelage. Comme les caméras fonctionnent 24 heures par jour, des animaux **diurnes** et nocturnes peuvent être recensés.

Une autre technique qui a été utilisée ces dernières années pour mesurer le **territoire**, le **domaine vital** et les distances des déplacements des Eupleridae est la **télémétrie** ou le radiopistage. Il s'agit d'un **collier émetteur**, qui est une sorte de radio attaché au cou de l'animal capturé (Figure 35). Une fois que l'animal drogué a retrouvé ses esprits et est libéré, l'émetteur envoie un signal qui est ensuite capté par un dispositif récepteur et fournit les données au scientifique pour suivre l'animal. Claire Hawkins a mené les premières études de ce type à Madagascar sur *Cryptoprocta* dans la zone de Kirindy (CNFEREF) (78).

Etant donné la technologie encore peu avancée de cette époque, elle

**Figure 34.** Une technique extraordinaire qui a récemment été employée à Madagascar est un dispositif connu sous le nom de **piège photographique** (à gauche), qui permet d'obtenir des images de différentes espèces de Carnivora quand ils passent devant le dispositif, comme c'est le cas (à droite) avec *Cryptoprocta ferox*. (Clichés par Brian Gerber.)

**Figure 35.** Une technique qui a fourni d'importantes informations sur les déplacements et le **domaine vital** des Carnivora malgaches est le **collier émetteur**. Après qu'un animal ait été piégé et drogué pour pouvoir le manipuler (en haut à gauche, cliché par Mia-Lana Lührs), différentes mesures et échantillons sont récoltés (en bas à droite, cliché par Melanie Dammhahn) et l'individu est équipé d'un collier contenant un dispositif de suivi (en haut à droite, cliché par Lennart W. Pyritz). Une fois l'animal libéré, l'appareil reposant sur le **GPS** enregistre les mouvements de l'animal et ces données peuvent être téléchargées par des appareils placés dans la forêt.

était obligée de suivre les animaux à pieds ou par voiture sur le système de pistes dans cette foret, et donc avec un certain nombre de limites, en particulier pour les animaux avec de grands domaines vitaux ou transitant dans la zone d'étude. Par la suite, la technologie s'est considérablement améliorée, et les colliers sont équipés d'appareils **GPS**, qui enregistrent et stockent des informations très précises sur les déplacements des individus qui portent le collier. Avec ce dispositif, il n'est pas nécessaire de recapturer l'animal portant le collier, mais grâce aux stations de téléchargement placées le long de sentiers dans la forêt, lorsqu'un animal passe avec un collier à une certaine distance de la station, les données sont téléchargées automatiquement. Mia-Lana Lührs a utilisé cette technique sur *Cryptoprocta* de la région de Kirindy (CNFEREF) et de nouvelles informations remarquables sont maintenant disponibles sur les mouvements de ces animaux (Figure 35), tels que des domaines vitaux d'individus mâles de plus de 100 km$^2$.

La troisième nouvelle technique qui a été employée ces dernières années afin d'étudier les Carnivora malgaches est l'utilisation de la **génétique moléculaire**, et en particulier les études **phylogéographiques**. Cette méthodologie utilisant l'**ADN** d'échantillons de tissus, comme le sang et la fourrure, fournit les moyens de mesurer les niveaux de **dispersion** et de **brassage des gènes**, ainsi que des modèles de variation génétique à différents niveaux géographiques. Bien que de telles études viennent de débuter (12, 86, 142), ces données fournissent des informations essentielles dans le développement de programmes de conservation à long terme chez les Eupleridae. Par exemple, à partir d'une étude phylogéographique récente sur *Mungotictis decemlineata* dans une grande partie de son aire de distribution actuelle, des niveaux particulièrement bas de la variabilité génétique ont été trouvés, ce qui en plus de la **déforestation** n'augure rien de bon pour la viabilité à moyen terme de ce **taxon** (86).

Une seule espèce, *Cryptoprocta ferox*, est suffisamment bien connue concernant les paramètres de base de son **histoire naturelle**, pour commencer les exercices d'évaluation de la population. Pourtant, des taxons comme *Galidictis fasciata* et *Salanoia* spp. ont particulièrement des lacunes pour ce type de données et les conclusions sur leur statut de conservation, basées sur des informations actuelles, sont au mieux provisoires. Le manque de détails ou le hiatus entre les informations publiées utilisées par les responsables politiques et les connaissances inédites de spécialistes crée un grave problème dans la validation du statut

de conservation de ces animaux. Dans l'intervalle de temps entre différentes évaluations (pour exemple, 84 par rapport 85), il n'y a pourtant pas eu de réduction drastique de ces populations d'animaux ni de grandes quantités d'informations venant du terrain. Les différences entre les niveaux de menace sont associées à la manière dont les données sont interprétées, aux questions émotionnelles et à la politique de conservation.

Trois taxons apparaissent dans l'Annexe II du traité de la **CITES** (*Cryptoprocta ferox*, *Eupleres goudotii* et *Fossa fossana*). Une des dix espèces actuelles est répertoriée dans la catégorie « Espèce en danger » de la Liste Rouge de l'UICN (85) : *Galidictis grandidieri* ; trois dans la catégorie « Espèce vulnérable » : *Cryptoprocta ferox*, *Mungotictis decemlineata* et *Salanoia concolor* ; trois dans la catégorie « Espèce quasi-menacée » : *Eupleres goudotii*, *Fossa fossana* et *Galidictis fasciata* ; une dans la catégorie « Espèce à préoccupation mineure » : *Galidia elegans* ; et deux dont une a été récemment élevée au rang de l'espèce par synonymie (*E. major*) et l'autre décrite comme étant une nouvelle espèce pour la science (*S. durrelli*), elles sont considérées dans la catégorie « Espèce non évaluée ».

Les types de pressions ayant un impact direct sur les populations d'Eupleridae ne sont pas uniformes dans tous les taxons. Par exemple, *Cryptoprocta* a une large répartition sur l'île, est capable de parcourir régulièrement plusieurs kilomètres dans les **habitats** non-boisés, de survivre dans des habitats **perturbés**, et de vivre dans des habitats naturels au-dessus de la limite supérieure des forêts. Pour cet animal, la réduction de l'habitat forestier provoque certainement des contraintes sur son habitat et les ressources disponibles en **proies**, mais les niveaux de persécution humaine associés à son réputation antérieure sur les animaux **domestiques**, a aussi un impact majeur sur les populations (voir p. 90). Contrairement à *Mungotictis decemlineata*, par exemple, qui ne vit que dans la forêt, présente des densités plus élevées dans les habitats moins perturbés, ne vit pas dans des petites parcelles de forêt **fragmentée**, montre peu de variation **génétique**, et a une distribution relativement faible qui est intimement liée aux forêts **caducifoliées** de l'Ouest de basse altitudes du Centre-ouest de Madagascar, qui sont détruites très rapidement (86). L'arrivée des routes, des tests sismographiques et de forage dans les habitats préalablement à l'état de « **forêts vierges** », suivie par les populations riveraines et les animaux domestiques associés (bovins et canines), les bûcherons locaux et d'autres **perturbations anthropiques**, telle que la consommation de **viande de brousse** (par exemple, 144), ont des répercussions directes sur ces Carnivora.

*Galidictis grandidieri*, décrit il y a un peu plus de deux décennies, présente un ensemble des différents facteurs. Cette espèce a une petite distribution dans l'extrême Sud-ouest de l'île, apparemment limitée par des paramètres **écologiques** naturels, plutôt que des facteurs anthropiques directs (104, 105). En outre, une partie importante de son habitat se trouve dans le Parc National de Tsimanampetsotsa, dont la superficie a été récemment augmentée. Par conséquent, l'avenir de cette espèce repose sur le maintien de cette zone protégée et la réduction dans le futur des pressions humaines, qui sont actuellement assez modestes dans cette zone. Ceci s'oppose avec le cas de *Salanoia durrelli*, récemment décrit. Il est connu dans une petite zone marécageuse sur les rives du Lac Alaotra, endroit qui a été fortement **dégradé** par les activités humaines, en particulier la conversion des zones humides en rizière (37, 117). Peu d'informations sont disponibles sur cette espèce afin d'évaluer correctement son statut de conservation.

La **fragmentation** continue de l'habitat forestier a un impact considérable sur les Eupleridae. Des recherches récentes menées par Brian Gerber et ses collègues dans les forêts humides de l'Est ont apporté d'importantes révélations (49). En utilisant les **pièges photographiques** (voir p. 70) dans les habitats forestiers continus (relativement intacts et dégradés) et fragmentés, les chercheurs furent en mesure de déterminer les points suivants :

1. *Cryptoprocta ferox* traverse facilement les habitats anthropogéniques entre les zones boisées, mais pas à des distances supérieures à 15 km. Les densités de cette espèce sont similaires dans les habitats forestiers relativement intacts et perturbés.

2. *Fossa fossana* est particulièrement sensible à toute perturbation de son

habitat. Cette espèce est absente dans les fragments de forêt et elle a une densité plus faible dans les habitats perturbés que dans les habitats relativement intacts.

3. *Galidictis fasciata* est également sensible à la fragmentation de l'habitat. Etant donné que les parcelles forestières sont de plus en plus petites et perturbées, la densité de cette espèce diminue. Cependant, il peut survivre, au moins à court ou à moyen terme, dans des parcelles relativement petites et isolées.

4. *Galidia elegans* est abondant dans les forêts relativement intactes et présente une diminution significative de sa densité dans les forêts perturbées. Cependant, il peut persister, au moins à court ou à moyen terme, dans des parcelles forestières relativement petites et isolées.

5. Les Carnivora introduits, *Canis*, *Felis* et *Viverricula*, sont complètement ou largement absents des habitats forestiers intacts. Leurs densités augmentent notamment dans les habitats forestiers perturbés, et puis de façon spectaculaire dans les petits fragments forestiers isolés.

Il y a d'autres facteurs à considérer lorsqu'on envisage l'avenir à long terme des Carnivora malgaches. Les populations locales des campagnes de Madagascar consomment des Eupleridae comme **viande de brousse,** sauf peut-être *Galidictis grandidieri* et *Salanoia* spp. De recherches récentes sur le terrain ont indiqué que pour certaines espèces, ce type de pression est beaucoup plus important que ce qui a été dit auparavant (voir p. 64). En outre, presque tous les Carnivora, à l'exception de *Felis* et *Canis*, sont considérés par les habitants qui vivent à proximité des zones boisées comme des **vermines** ou nuisibles, à cause de leur mauvaise réputation en tant que des tueurs d'animaux **domestiques**, en particulier la volaille. Par conséquent, ils sont souvent sous la pression de grandes persécutions des gens locaux. Le meilleur exemple est celui de *Cryptoprocta ferox* dans la région du Menabe central. Là-bas, les animaux des zones boisées environnantes visitent les villages pendant la nuit pour se nourrir de poulets, et un nombre considérable de ces Carnivora sont tués chaque année par les villageois qui protègent leurs volailles. De plus, *Cryptoprocta* est victime d'accidents de voiture sur les routes secondaires de la région du Menabe (Figure 36).

Un programme récent d'éducation publique dans la région du Menabe central a été initié par Mia-Lana Lührs, Moritz Rahlfs et Léon Razafimanantsoa, du « Deutsches Primatenzentrum » (Centre de Primatologie d'Allemagne). Les aspects du projet comprennent des affiches dans le dialecte Sakalava local sur l'importance écologique des *Cryptoprocta* et les expériences sur la construction de poulaillers qui résistent aux attaques de cette Carnivora (Figure 37). Etonnamment, dans d'autres parties de Madagascar, il existe des restrictions sur l'abattage des Carnivora, étant donné que ces animaux se nourrissent parfois de cadavres d'ancêtres enterrés dans la

**Figure 36.** Le long des routes secondaires de la région du Menabe qui traversent des zones boisées, *Cryptoprocta* fait l'objet de collisions mortelles avec des véhicules. Cette image a été prise près de Lambokely. (Cliché par Moritz Rahlfs.)

forêt, la consommation de leur chair est un tabou strict (*fady*) (88).

Nous savons peu de choses sur la transmission des maladies d'animaux **introduits** (domestiques ou sauvages), en particulier des Carnivora **exotique** (chats et chiens), aux Eupleridae. Ces maladies pourraient inclure, par exemple (trouvées chez *Cryptoprocta*), l'anthrax, la maladie de Carré, la parvovirose canine, la calicivirose féline et la toxoplasmose (13, 32, 83, 146). On suppose que les Eupleridae n'ont aucune immunité naturelle contre ces maladies.

L'impact direct que les Carnivora introduits ont à l'égard des espèces **endémiques** est encore inconnu, mais il existe des preuves de la concurrence des **proies** et de la **prédation** pure et simple avec les petits Eupleridae. Le chat sauvage (*Felis silvestris*) a été introduit à Madagascar au 19ème siècle et les populations viables sauvages ne sont pas rares dans les habitats forestiers naturels, particulièrement dans les formations **caducifoliées** de l'Ouest et du Sud-ouest.

*Viverricula indica* introduit est un animal qui a tendance à vivre dans des zones fortement dégradées et ouvertes ou à la **lisière** de la forêt, et il est montré qu'il a un impact négatif direct sur les Carnivora **autochtones** (voir p. 57). Enfin, peu de choses sont connues sur la structure **génétique** des populations d'Eupleridae, qui est certainement une question critique sur le développement de programme de conservation à long terme.

**Figure 37.** Chaque année, dans les villages de la région du Menabe central qui sont relativement proches de zones boisées, les populations riveraines tuent de nombreux *Cryptoprocta* qui tentent de piller les poulaillers pendant la nuit qui ne peuvent pas résister à la force de cet animal (à gauche). Un récent projet initié par des chercheurs du « Deutsches Primatenzentrum » (Centre de Primatologie d'Allemagne) expérimente avec la conception des différents poulaillers renforcés (à droite) afin de limiter les dégâts de *Cryptoprocta* et de réduire la persécution humaine sur ces animaux. (Clichés par Moritz Rahlfs.)

## CARACTERISTIQUES PHYSIQUES DE CARNIVORA MALGACHE

Les Carnivora **endémiques** de Madagascar, ainsi que ceux qui ont été **introduits**, ont de nombreux caractères externes qui les distinguent les uns des autres au niveau de la famille, du genre et de l'espèce. Dans ce livre, en particulier dans la deuxième partie décrivant les différentes espèces, nous ferons souvent référence à ces différentes caractéristiques.

Une des caractéristiques principales est associée aux dents, qui sont divisées en incisives, canines, prémolaires et molaires (Figure 38). A l'exception des prémolaires et des molaires, ces différents types de dents se distinguent facilement les unes des autres en fonction de leur forme et de leur taille. Les **mammalogistes** utilisent ce qui est appelé la **formule dentaire** pour exprimer le nombre de dents que chaque espèce a sur un côté des parties supérieure (mâchoire) et inférieure (mandibule) de la bouche. Ainsi, la formule :

$$\frac{3\text{-}1\text{-}4\text{-}2}{3\text{-}1\text{-}4\text{-}2}$$

Se traduit par une moitié de la mâchoire supérieure (crânienne) est composée de trois incisives, une canine, quatre prémolaires et deux molaires. La moitié inférieure, associée à la mandibule, présente la même configuration de dents. Comme chacune de ces formules ne représente que la moitié de la dentition, le chiffre pour les dents supérieures doit être multiplié par 2 (10 x 2 = 20) et de même pour les dents du bas (10 x 2 = 20). Par conséquent, au total, cet animal possède 40 dents. Dans le Tableau 6, nous présentons la formule dentaire pour les différents genres de Carnivora à Madagascar, aussi bien **autochtones** qu'**introduits**.

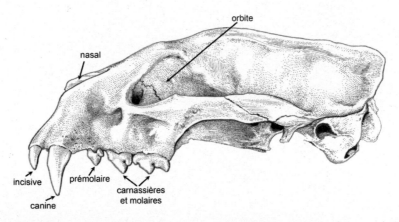

**Figure 38.** Dessin de *Cryptoprocta* et de ses quatre différents types de dents et d'autres parties du crâne. Dans certains cas, les animaux ont des dents manquantes, comme c'est le cas ici avec la première prémolaire. (Dessin par Roger Lala.)

La Figure 39 est une illustration de *Cryptoprocta ferox* et les différents termes que nous utilisons pour la **morphologie** externe de Carnivora y sont présentés.

**Tableau 6. Formule dentaire** des différents genres de Carnivora malgaches adultes de la famille des Eupleridae et du genre **introduit** *Viverricula* de la famille des Viverridae. Les formules des subadultes et des jeunes ne sont pas nécessairement les mêmes.

| Genre | Formule | Nombre total de dents |
|---|---|---|
| *Fossa* | 3-1-4-2 <br> 3-1-4-2 | 40 |
| *Eupleres* | 3-1-4-2 <br> 3-1-4-2 | 40 |
| *Cryptoprocta* | 3-1-3-1 <br> 3-1-3-1 | 32 |
| *Galidia* | 3-1-3-2 <br> 3-1-3-2 | 36 |
| *Mungotictis* | 3-1-3-2 <br> 3-1-3-2 | 36 |
| *Salanoia* | 3-1-3-2 <br> 3-1-3-2 | 36[1] |
| *Galidictis* | 3-1-3-2 <br> 3-1-3-2 | 36 |
| *Viverricula* | 3-1-4-2 <br> 3-1-4-2 | 40 |

[1] Certains adultes ont une quatrième prémolaire superieure, donnant ainsi un total de 38 dents.

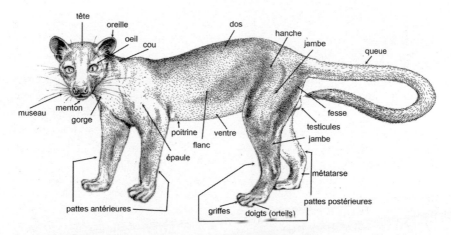

**Figure 39. Morphologie** externe de *Cryptoprocta ferox* avec les termes utilisés dans le texte pour les différentes parties du corps. (Dessin par Roger Lala.)

## PARTIE 2. DESCRIPTION DES ESPECES

### SOUS-FAMILLE DES EUPLERINAE

Cette sous-famille est composée de trois genres différents, *Cryptoprocta*, *Eupleres* et *Fossa*, et présente des différences notables dans la forme et la taille du corps (Tableau 7). *Cryptoprocta* ressemble à un chat et était auparavant placé dans la famille des Felidae, *Eupleres* est un animal ayant une allure bizarre montrant une **convergence** au protèle africain (*Proteles*) de la famille des Hyaenidae, et *Fossa* présente de nombreuses particularités semblables aux civettes de la famille des Herpestidae.

**Tableau 7.** Différentes mensurations externes des adultes de la sous-famille des Euplerinae. Les chiffres sont présentés en minima et maxima (6, 60, 67, 81, données Vahatra).

| Espèce | Longueur de tête-corps (mm) | Longueur de la queue (mm) | Longueur de la patte postérieure (mm) | Longueur de l'oreille (mm) | Poids (kg) |
|---|---|---|---|---|---|
| *Cryptoprocta ferox* | 700-800 | 650-700 | 120-128 | -- | 5.5-9.9 (♂♂) 5.5-6.8 (♀♀) |
| *Eupleres goudotii* | 470-525 | 200-250 | 80-82 | 40-44 | 1.6-2.1 |
| *Eupleres major* | 610-740 | 210-310 | 81-92 | 47-50 | 2.8-4.6 |
| *Fossa fossana* | 630-698 | 221-264 | 84-93 | 44-48 | 1.3-2.1 (♂♂) 1.3-1.8 (♀♀) |

### Genre *CRYPTOPROCTA* Bennett, 1833

**Cryptoprocta ferox** Bennett, 1933

Français : cryptoprocte, cryptoprocte féroce
Malgache : *fosa, kintsala, tratraka*
Anglais : *fossa*

**Description** : Longueur de tête-corps 700 à 800 mm, longueur de la queue 650 à 700 mm et longueur de la patte postérieure 120 à 128 mm (Tableau 7). Gamme de poids 5,5 à 9,9 kg (mâles) et 5,5 à 6,8 kg (femelles). **Dimorphisme sexuel**, les mâles étant plus grands. Certaines preuves ont présentés des variations géographiques dans la taille du corps (32). Il a été rapporté que certains individus pouvaient peser jusqu'à 30 kg (Louvel 1954), ce qui ne peut pas être correct pour un animal sauvage. Cette espèce ressemble à un petit puma (*Puma concolor*, famille des Felidae), avec un corps musclé, un torse long et la longueur de la queue presque équivalente à la longueur de tête-corps. *Cryptoprocta* a un museau relativement court et des oreilles courtes et arrondies (Figures 40, 41). Le pelage est fin et relativement dense,

**Figure 40.** Illustration de *Cryptoprocta ferox*. (Dessin par Velizar Simeonovski.)

**Figure 41.** *Cryptoprocta ferox* est un animal très particulier, notamment dans la forme de sa tête et de son corps par rapport à tous les Carnivora vivant à Madagascar ayant des traits félins. Il a un museau relativement court et de petites oreilles arrondies. (Cliché par Olivier Langrand.)

les parties supérieures du corps sont généralement uniformes, pâles, brun-rougeâtre et les parties inférieures crème sale. Chez certains individus, particulièrement les mâles, le ventre est de couleur orange à cause des **sécrétions** des glandes (Figure 42).

**Habitat et répartition** : *Cryptoprocta ferox* est une espèce largement trouvée dans les forêts. Il est présent à des altitudes allant du niveau de la mer à près de 2 600 m. Il vit dans tous les types de forêts naturelles à Madagascar, de la plus humide (plus de 6 m de **précipitations** annuelles) aux zones les plus sèches (moins de 400 mm). Cette espèce semble avoir des densités de **population** plus élevées dans les forêts **caducifoliées** occidentales des basse altitudes par rapport à celles des forêts **sempervirentes** orientales

de basses altitudes (29, 78). Dans ces deux parties de l'île, la densité diminue avec l'altitude. *Cryptoprocta* habite également des ilots boisés des Hautes Terres centrales et le massif d'Andringitra allant de 750 m à 2 600 m d'altitude (au-dessus de ligne des forêts) (Figure 18). Cette dernière zone a des conditions météorologiques extrêmes avec des températures quotidiennes en août allant de -11°C à 30°C. Les précédents rapports de cette espèce sur l'île de Sainte-Marie sont erronées (93) : la localité était celle de Sainte Marie de Marovoay (91).

**Nourriture et mode d'alimentation** : La grande taille de *Cryptoprocta*, une force considérable, des dents **carnassières**, des larges **coussinets**, les articulations des chevilles très souples et des griffes semi-**rétractiles** en font de cet animal un redoutable **carnivore**, le top **prédateur** de la faune moderne de l'île. Sur le sol, il se déplace de manière **digitigrade** et il est plus **plantigrade** lors de leurs déplacements **arboricoles**. En captivité, un individu mange entre 800 et 1 000 g de viande par jour (2, 6). Les **populations** sauvages ont un **régime alimentaire** varié, au moins en partie lié à la disponibilité des **proies** locales. *Cryptoprocta* peut se nourrir de mammifères, oiseaux, serpents, lézards, tortues d'eau douce, lézards et insectes (Figure 43).

Ces dernières années, des analyses de **fèces** ont été menées pour connaître le régime alimentaire de *Cryptoprocta*, dans les différents **biomes** qu'il habite. Les excréments de *Cryptoprocta* sont faciles à reconnaître : ils forment de minces rouleaux de 10 à 14 cm de

**Figure 42**. Chez certains *Cryptoprocta ferox*, en particulier chez les males, le ventre est de couleur orange à cause des glandes **sécrétions**. Le grand mâle montré ici a été drogué après avoir été piégé et équipé d'un **collier émetteur**. (Cliché par Mélanie Dammhahn.)

long et 1,5 à 2,5 cm de diamètre, avec au moins une des extrémités torsadées (Figure 20). La plupart des échantillons sont noirs et gris, ils contiennent souvent des fragments d'os et de poils de mammifères.

Sur la majorité des sites, les mammifères sont les proies les plus couramment consommées. Tant par le nombre d'individus que par la **biomasse**, les lémuriens sont des éléments réguliers dans l'alimentation des *Cryptoprocta*. Dans les forêts **caducifoliées** de Kirindy (CNFEREF),

les primates représentent plus de 80% de la biomasse et près de 60% basé sur de la **fréquence relative** des proies capturées (129). Une autre analyse du régime alimentaire dans ce site a montré que *Cryptoprocta* avait un régime composé de plus de 90% de vertébrés, dont environ 50% de lémuriens (80). On a constaté également des différences entre les saisons dans les proies capturées, avec plus de *Tenrec ecaudatus* (sous-famille des Tenrecinae) et moins de lémuriens pendant la période sèche.

**Figure 43.** *Cryptoprocta ferox* est connu pour se nourrir d'une grande variété de différents types de **vertébrés terrestres**, y compris des reptiles. La photo montre un individu se nourrissant d'un grand lézard du genre *Zonosaurus* dans la forêt de Kirindy (CNFEREF) à proximité d'une fosse des ordures. (Cliché par Mia-Lana Lührs.)

Une autre découverte extraordinaire est que ces prédateurs attrapent annuellement presque 20% de la population de proies vivant dans la forêt, ce qui indique qu'il approche de la **capacité porteuse** de l'**écosystème** local.

Dans la forêt caducifoliée d'Ankarafantsika, des espèces de grands lémuriens **diurnes** (*Eulemur* spp. et *Propithecus verreauxi*) sont sur-représentées dans l'alimentation des *Cryptoprocta* par rapport à leurs densités relatives locales dans la forêt, alors que les petites espèces (*Microcebus* spp. et *Cheirogaleus medius*) sont sous-représentées

(33). Dans cette zone, il existe de remarquables changements saisonniers dans les types de proies capturées par ce Carnivora, y compris les lémuriens.

Vers le sommet de 2 000 m du Pic Trafonomby dans le Parc National d'Andohahela, de petits tenrecidés des genres *Microgale* et *Oryzorictes* (sous-famille des Oryzorictinae), dont les adultes pèsent moins de 35 g, ont été retrouvés dans des excréments de *Cryptoprocta* (61). Au-dessus de la limite supérieure des forêts dans la zone de haute montagne d'Andringitra (Figure 18), des oiseaux, des rongeurs et des petits tenrecidés (*Microgale*) sont des composantes importantes du régime alimentaire de ce Carnivora et, dans une moindre mesure, il capture aussi des grenouilles et des crabes (65). En outre, dans ce site, le poids moyen des animaux de proie est seulement de 40 g, y compris les vertébrés pesant moins de 10 g. Ceci contraste avec la masse corporelle moyenne de 480 g des proies des forêts **sempervirentes** du Nord et des proies de 1 140 g des forêts caducifoliées de l'Ouest (33, 130). Par conséquent, il est clair que *Cryptoprocta* attrape une grande variété de proies non-primates et présente manifestement une **adaptation** alimentaire considérable.

Certaines des proies trouvées dans les fèces prélevés à Andringitra au-dessus de la limite supérieure des forêts étaient des animaux forestiers, ce qui indique que cette population de *Cryptoprocta* a un **domaine vital** particulièrement grand et ne compte pas entièrement sur les proies disponibles dans l'aire au-dessus de la forêt. Ce Carnivora est connu pour capturer des proies qui font presque son propre poids, comme des lémuriens de 6 kg du genre *Propithecus*. Des affirmations qui disent que c'est un **spécialiste** des lémuriens, qui représentent plus de 50% de son régime alimentaire (154, voir p. 45), ne sont pas entièrement correctes car ce n'est pas le cas à travers sa répartition géographique complète. En outre, dans les forêts sempervirentes, il existe aussi des différences, notamment saisonnières dans la **prédation** des lémuriens, notamment *Propithecus* (90).

Des fragments d'os des grands animaux, comme les vaches et les potamochères (*Potamochoerus*), ont été retrouvés dans des excréments de *Cryptoprocta*, et qui provenaient probablement de **charognes** (129). Cette espèce est connue se nourrissant de la grande espèce de rongeur (jusque 1 kg), **endémique** et menacé, *Hypogeomys antimena* (sous-famille des Nesomyinae) (80, 129), qui ne vit que dans une zone limitée du Menabe centrale. Une forte pression de prédation et un faible recrutement des jeunes dans la population reproductrice ont été cités comme étant les raisons pour considérer ce rongeur comme étant en voie d'**extinction** (141). Basé sur l'analyse des fèces de *Cryptoprocta* récoltés dans la répartition géographique de ce rongeur, il représente une petite proportion de l'alimentation de cet Eupleridae, mais cette proportion peut être importante pour le déclin qui mènerait à son extinction à l'état sauvage.

*Cryptoprocta* est particulièrement bien adapté pour la chasse à la fois par terre et sur les arbres. Il est souvent observé chasser en solitaire, mais il a été également vu chasser en groupe souvent composés de deux à trois animaux (102). A certaines périodes de l'année, les mères et leurs petits, ou d'autres adultes chassent ensemble. Dans le cas de la chasse en groupe de lémuriens arboricoles, un *Cryptoprocta* grimpe sur des troncs, saute d'arbre en arbre et force le lémurien à descendre sur le sol, où le partenaire de chasse peut facilement l'attraper (120). Dans un autre cas, trois mâles ont été observés chassant un *Propithecus* ; ils changent souvent leur position suivant les endroits où se trouve l'animal, par terre ou se déplaçant entre les arbres, brisant souvent des branches et s'écrasant au sol, la chasse se terminant après une poursuite de 45 minutes où le primate a été mis à terre suite à une morsure mortelle à la nuque. Il a été avancé que de telles scènes de chasse collective sont associées aux aspects de la sociabilité masculine permettant de prendre des grosses proies dans le passé géologique récente, spécifiquement des lémuriens géants qui sont maintenant éteints (102). Les griffes semi-**rétractiles** de ce Carnivora facilitent son adhérence aux arbres et sa longue queue, qui n'est pas **préhensile**, agit comme un dispositif d'équilibrage (Figure 44).

*Cryptoprocta* est connu pour se nourrir d'autres Eupleridae, comme *Fossa fossana* capturés dans des pièges placés dans la forêt par des **mammalogistes** (92). Ensuite, des restes de *Mungotictis decemlineata* ont été trouvés dans ses fèces (80). Il peut être un **prédateur** vorace, avec des records de plus de 70 poulets et environ 10 lapins tués lors d'une attaque dans un village de l'ouest de Madagascar (101).

**Modèles d'activité** : Dans l'Est et les portions plus humides de l'île, *Cryptoprocta ferox* présente des périodes d'activités très irrégulières pendant la journée et la nuit et est plutôt considéré comme **cathéméral**. Deux individus munis de **colliers émetteurs** avaient des pics d'activité peu après l'aube, l'après-midi et tard le soir (29). Le même schéma général a été trouvé dans les forêts sèches de l'ouest de Madagascar (78). Les individus solitaires n'utilisent pas les

mêmes dortoirs de manière régulière, mais les femelles avec leurs petits fréquentent le même gite ou **terriers**.

**Figure 44.** *Cryptoprocta* est particulièrement à l'aise sur le sol ou grimpant aux arbres et sautant de branche en branche. Sa capacité à grimper sur des troncs d'arbres verticaux est liée à ses griffes semi-**rétractiles** et à la structure de ses membres. (Cliché par Manfred Eberle.)

Basé sur la technique des **pièges photographiques** (voir p. 74, Figure 34) il a été possible de quantifier d'une manière différente les schémas d'activité de cette espèce. *Cryptoprocta* utilise de façon sélective la période **crépusculaire**, mais est plutôt considéré cathéméral (48).

**Organisation sociale et reproduction** : Ces dernières années, plusieurs études menées sur des *Cryptoprocta* munis de **colliers émetteurs** ont été réalisées dans les forêts **caducifoliées** (Figure 35). Dans la forêt de Kirindy (CNFEREF), au nord de Morondava, les densités ont été estimées à un animal par 4 km$^2$ ; les femelles ont des **domaines vitaux** allant jusqu'à 13 km$^2$ et ceux des mâles atteignent 26 km$^2$ (78, 79). Les domaines vitaux de ces animaux ne sont pas nécessairement exclusifs mutuellement, mais ceux des femelles ont tendance à être séparés les uns des autres. Leur répartition géographique peut varier selon la saison, avec une expansion remarquable pendant la saison sèche, ce qui est apparemment lié à la disponibilité en nourriture et en eau. La sex-ratio des adultes est de 1 : 1. Des animaux ont été enregistrés effectuant des déplacements sur des distances linéaires de plus de 7 km en 16 heures (78).

Basé sur de données de **télémétrie** (**radiopistage**) dans des forêts **sempervirentes** de l'Est, les domaines vitaux se chevauchent d'environ 30% (29). Une étude récente dans le Parc National de Ranomafana utilisant la technique de **piège photographique** (voir p. 74) et basé sur les analyses « capture-recapture » des animaux piégés par des images, fournit les premières estimations réelles de la densité de cette espèce qui est de 0,15 à 0,17 individu par km$^2$ dans cette formation forestière (46).

*Cryptoprocta* n'a pas un grand répertoire vocal, et la plupart est associé à l'accouplement. La communication **olfactive** semble être commune par le marquage d'objets proéminents tels que des rochers et des arbres, ou sur le sol, par la **sécrétion** de différentes glandes et des organes génitaux. En dehors de la saison de reproduction, il est rare de trouver des individus évoluant ensemble, sauf les femelles avec leurs petits.

Le mâle *Cryptoprocta* a un pénis proportionnellement grand, dont les côtés présentent des structures en forme d'épines, qui pourraient être associées aux liens **copulatoires** (Figure 45). Chez les femelles, certaines peuvent présenter des transformations non permanentes de leurs organes sexuels en des structures ressemblant à celles des mâles, connues sous le nom de **masculinisation** transitoire : certains individus de un à deux ans possèdent un clitoris élargi épineux, qui est tenu physiquement par une structure ressemblant à un os, l'os clitoridien qui a apparemment la forme d'un pénis (82). Chez les femelles, la masculinisation n'est pas associée à une structure comme un scrotum. Chez les adultes, la longueur de l'os clitoridien diminue avec l'augmentation de la taille du corps. Deux **hypothèses** différentes ont été proposées pour expliquer la masculinisation transitoire de cette espèce : 1) réduire le harcèlement sexuel des femelles juvéniles par les mâles adultes ou 2) réduire les agressions des femelles territoriales. Les mâles, en particulier ceux en état de reproduction, ont un pénis en érection particulièrement

**Figure 45.** Le mâle de *Cryptoprocta* a un pénis particulièrement grand, dont les côtés présentent des structures en forme d'épines, qui pourraient être associées aux liens copulatoires. (Cliché par Melanie Dammhahn.)

long, qui possède un os interne (**baculum**).

La plupart des détails sur la reproduction des **populations** sauvages viennent des forêts **caducifoliées** (32, 78, 79, 124). L'accouplement a lieu entre septembre et décembre et les jeunes naissent en décembre et janvier. Il existe des

rapports contradictoires concernant la période de **gestation** de *Cryptoprocta*, allant de 6 à 7 semaines à environ 90 jours (6). Les observations rapportées sur la **copulation** dans les forêts **sempervirentes** ont été faites en octobre.

Les couples s'accouplent sur les branches horizontales des arbres, généralement d'environ 20 cm de diamètre et jusqu'à 20 m du sol (Figure 24), des copulations au sol ont également été observées. Les sites d'accouplement sont généralement proches de sources d'eau. De nombreux mâles restent dans le voisinage de la femelle réceptive. La femelle baisse son ventre, saisit une branche ou tout autre support avec les griffes de ses pattes antérieures, les membres postérieurs sont au-dessous d'elle, et elle extrude son orifice génital de quelques centimètres. Elle pousse une série de vocalises ressemblant à des miaulements, qui semblent stimuler le mâle à la monter. Le mâle la prend par derrière, légèrement de côté, et il saisit la femelle autour de la taille avec ses pattes antérieures, et lèche souvent son cou. Le même mâle répète l'accouplement plusieurs fois, l'acte peut durer de quelques minutes à plusieurs heures. Les mâles restent souvent près de la femelle, jusqu'à une heure après que l'accouplement soit terminé, ils ont un certain sens de surveillance de la partenaire ou « mate guarding ». Les arbres où ces d'accouplements annuels ont lieu sont souvent réutilisés pendant des années, et avec une précision remarquable de la date du début de la saison d'accouplement.

Mia-Lana Lührs a observé une femelle qui durant ses sept jours d'œstrus, a copulé avec 10 mâles différents et jusqu'à 10 fois chacun ; chaque session durant de quelques minutes à un maximum de six heures. Avec un résultat d'environ 50 copulations différentes totalisant environ 40 heures d'accouplement pendant sept jours ! Avec des vocalises diverses, il existe des interactions antagonistes entre les mâles car ils rivalisent pour avoir accès à la femelle réceptive.

Les femelles semblent ne pas accepter n'importe quel mâle qui vient vers elle, et elles choisissent clairement les individus avec lesquels elles s'accouplent (81). Basé sur des observations sur le terrain, le choix des femelles ne semble pas associé à la taille d'un mâle, par exemple, avec les plus gros mâles qui sont seulement autorisés à copuler avec elles. Plus de données et d'observations sur le terrain sont nécessaires pour mieux comprendre la façon dont les femelles choisissent les mâles qui s'accouplent avec elles. Dans certains cas, après qu'une femelle ait terminé sa session d'accouplements de plusieurs jours et ait quitté l'arbre, une autre femelle réceptive prend sa place et s'accouple avec quelques-uns des mêmes mâles qui copulaient avec la femelle précédente ainsi qu'avec des individus nouvellement arrivés.

La taille de la portée est généralement de deux petits, mais des cas qui arrivent jusqu'à quatre ont été documentés. Les sites de mise bas comportent des tanières souterraines cachées, des crevasses rocheuses, ou des creux dans les gros troncs d'arbres ou des termitières. Les femelles élèvent seules leurs petits et ont trois paires de mamelons. Les nouveau-nés, pesant moins de 100 g à la naissance, ont un pelage clair, sont aveugles et édentés. Le développement des petits est lent, avec l'ouverture des yeux deux à trois semaines après la naissance. Par la suite, ils deviennent plus actifs et leur pelage s'assombrit et devient gris perle (Figure 25). Les petits quittent la tanière pour la première fois autour de quatre mois et demi et deviennent indépendants de leur mère vers un an. *Cryptoprocta* a ses dents permanentes à environ un an et demi et les jeunes sont sexuellement matures vers trois à quatre ans.

*Cryptoprocta ferox* n'a pas souvent peur de la présence humaine et dans certains cas, il est tout simplement curieux. Il y a plusieurs années, en capturant des chauves-souris avec des filets pendant la nuit dans la forêt **sempervirente** du Parc National de la Montagne d'Ambre, un *Cryptoprocta* est passé le long du sentier et était curieux de mes activités. Il s'est assis à environ 5 m du filet et a simplement observé ce que je faisais. Quand une chauve-souris fut capturée et poussa quelques vocalises, le *Cryptoprocta* fut manifestement très intéressé, mais il n'a montré aucun intérêt à attraper la chauve-souris. Dans les camps forestiers, *Cryptoprocta* a souvent été observé la nuit se réchauffer près des feux de cuisson (Figure 46).

**Statut de conservation** : Dans la Liste Rouge, *Cryptoprocta ferox* s'est vu donner le statut « Espèce vulnérable » (85). Cette espèce a une large répartition dans une grande partie des portions boisées de l'île, incluant

**Figure 46.** En l'absence de persécution humaine, *Cryptoprocta ferox* ne semble pas avoir peur des humains. La photo montre un animal dans un camp de recherche du Parc National de Marojejy qui se réchauffe à côté d'un feu de cuisson. (Cliché par Erik Patel.)

une grande variété de formations végétales et d'altitudes. Basé sur des informations actuelles, les densités ont tendance à être plus élevées dans les forêts peu **perturbées**. Cette espèce persiste dans des **habitats dégradés**, ce qui est probablement associé à sa capacité à parcourir quotidiennement des distances considérables en dehors de la forêt. Les signes de cette espèce dans une région sont généralement faciles à voir, soit par la forme distincte de leurs **fèces** (Figure 20) soit par des empreintes (Figure 47).

Une autre préoccupation importante pour la conservation de *Cryptoprocta* est que certains Malgaches habitant le Centre-ouest et l'Est consomment sa chair comme **viande de brousse** (**braconnage**) (43, 50, 51, 63). Cette espèce est connue pour s'attaquer aux volailles **domestiques** et autres animaux. En conséquence, un certain

**Figure 47.** *Cryptoprocta ferox* est le plus grand des Carnivora vivant à Madagascar et a des empreintes distinctes. (Cliché par Brian Gerber.)

nombre d'individus sont tués chaque année lorsqu'ils passent à travers ou à proximité des villages et ce type d'interaction dure depuis plusieurs siècles (voir p. 19, 147). Dans certains cas, bien qu'on pense que le chapardage de volailles ait été commis par *Cryptoprocta*, le vrai coupable se trouve parmi les Carnivora **introduits** tels que les chiens ou *Viverricula indica*. Dans d'autres cas, différents types de pièges sont principalement placés dans les forêts pour piéger *Cryptoprocta* et d'autres mammifères forestiers dans le but précis d'obtenir de la viande fraîche pour la consommation (voir p. 64).

Les Carnivora introduits, tels que *V. indica*, les chiens et les chats, passent à travers ou au bord des zones des **écosystèmes** forestiers ou sont en contact avec *Cryptoprocta* rendant probablement possible la transmission des maladies (11). En fait, un certain nombre de maladies et de virus ont été isolés à partir de *Cryptoprocta* sauvages et captifs (voir p. 76) et les aspects de l'immunité et les impacts néfastes de ces maladies sont inconnus et sont un domaine essentiel pour la recherche ultérieure.

En résumé, la combinaison de facteurs allant de la destruction des **habitats** à la chasse, ainsi que des maladies potentielles des Carnivora introduits peuvent affecter les **populations** restantes de *Cryptoprocta* dans son habitat. Les recherches sur le terrain réalisées au cours des deux dernières décennies ont montré nombreux aspects intéressants sur l'**histoire naturelle** de cette espèce, qui a fourni des détails critiques

permettant de formuler des stratégies pour sa conservation (Figure 48). La structure **génétique** des populations sauvages est encore mal connue, et qui est certainement une question cruciale dans le développement des futurs programmes de conservation à long terme.

**Taxonomie** : La position **systématique** de *Cryptoprocta ferox* a varié au fil des années, car il possède des caractéristiques qui ressemblent à celles de différents Carnivora des familles des Herpestidae, des Viverridae et des Felidae. Cependant, avec l'utilisation des outils de la **génétique moléculaire** (155), il est maintenant clair que ces similitudes sont des exemples d'**évolution** parallèle (**convergence**) plutôt que *Cryptoprocta* étant étroitement lié à ces autres groupes de Carnivora. Une espèce plus grande que lui, notamment *C. spelea*, a été identifiée à partir des restes **subfossiles** récupérés dans des sites de l'Holocène (voir p. 19).

Dans différentes parties de Madagascar, les personnes vivant à la campagne ont constaté la présence de deux formes de *Cryptoprocta* - *fosa mainty* ou « *Cryptoprocta* noir » et *fosa mena* ou « *Cryptoprocta* rouge » (24). De plus, dans le Sud-ouest, l'existence d'un morphotype blanchâtre est aussi rapportée. On ignore si la différence entre ces formes est tout simplement d'une légende locale ou associée à certains modèles de variations (âge, sexe, géographique) de *C. ferox*. Ce sont des questions auxquelles il faut répondre par des études moléculaires futures.

**Figure 48.** Les recherches menées au cours des deux dernières décennies sur *Cryptoprocta ferox* a fourni de nombreux détails critiques permettant de formuler des plans cohérents pour sa conservation. Par exemple, ces études impliquent la capture d'animaux vivants, qui sont temporellement drogués, ensuite, ils sont mesurés (à gauche en haut), des échantillons de sang sont prélevés pour le côté **génétique** et d'autres aspects **vétérinaires** sont enregistrés afin d'évaluer leur santé (à droite en haut), les animaux sont équipés des **colliers émetteurs** qui sont utilisés pour évaluer les aspects de leur **dispersion** et leur **domaine vital**, et par la suite, ils sont relâchés sur le site où ils ont été capturés (à gauche en bas). (Clichés par Luke Dollar.)

## Genre *EUPLERES* Doyère, 1835

### *Eupleres goudotii* Doyère, 1835

Français : euplère de Goudot
Malgache : *fanaloka* (également utilisé pour *Fossa*), *ridarida*, *amboa laolo*
Anglais : *falanouc*
Noms anglais anciennement utilisés : *Malagasy mongoose*, *slender fanalouc*, *small-toothed mongoose*

**Description** : Longueur de tête-corps 455 à 495 mm, longueur de la queue 220 à 240 mm, longueur de la patte postérieure 80 à 82 mm, longueur de l'oreille 40 à 44 mm et poids 1.6 à 2.1 kg (Tableau 7). Cette espèce a un corps allongé et massif, un long museau étroit, des oreilles proéminentes, des pattes de formes étranges et une queue particulièrement courte, arrondie et effilée (Figure 49). Des griffes non-**rétractiles** sur les pattes antérieures sont bien développées. Lors de la marche, les griffes touchent le sol, ce qui donne à l'animal une allure lente et nonchalante. La fourrure du corps et de la queue est dense et largement uniforme brun-rougeâtre, étant légèrement plus saturée vers

**Figure 49.** Illustration d'*Eupleres goudotii*. (Dessin par Velizar Simeonovski.)

le milieu du dos. La partie inférieure du ventre est un brun-beige clair, qui fusionne vers la gorge et le menton blanchâtre-beige.

**Habitat et répartition** : *Eupleres goudotii* évolue dans la partie orientale de l'île à une altitude allant de 50 à 1 600 m. Basé sur des données récentes, il semble préférer des parcelles de forêt **sempervirente** de montagne, des **habitats** naturels aquatiques et des zones de marais dominées par *Cyperus* et *Raphia*. Il existe quelques observations sur cet animal dans les forêts denses humides loin des habitats aquatiques et marécageux.

Sur la Montagne d'Ambre à environ 1 000 m d'altitude, il peut être vu régulièrement dans des champs **anthropogéniques** herbeux, près de la Station des Roussettes et à moins de 50 m de la **lisière** de la forêt (Figure 50) ; à plus basse altitude sur ce massif, il est apparemment remplacé par *E. major* (60, voir prochaine espèce).

*Eupleres goudotii* a été signalé dans le massif de Tsaratanana, dont une partie se trouve dans le domaine de Sambirano, mais ces rapports concernent sans doute *E. major*. Le rapport sur la présence d'*E. goudotii* à l'Île Sainte-Marie précédemment cité (6), une île au large de la côte Est, concerne en réalité Sainte Marie de Marovoay dans l'Ouest (91). Ce site est proche d'un grand système de marais et non loin du Parc National d'Ankarafantsika, où cette espèce pourrait bien se trouver.

**Nourriture et mode d'alimentation** : La dentition d'*Eupleres* est particulièrement réduite, avec de minuscules cuspides coniques et aplaties, adaptée à un régime d'**invertébrés** au corps mou (Figure 51). Sa nourriture principale semble être les vers de terre, mais il est également connu pour se nourrir de limaces, d'insectes, de grenouilles et de caméléons. En captivité, il consomme de petits morceaux de viande (6). La

**Figure 50.** *Eupleres goudotii* est observé avec une certaine régularité à environ 1 000 m près de la Station des Roussettes du Parc National de la Montagne d'Ambre, et dans un espace ouvert à côté de la forêt. (Cliché par Harald Schütz.)

population locale rapporte que les membres de ce genre se nourrissent également des fruits d'*Aframomum*. Ses longues griffes sont utilisées pour racler ses aliments du sol ou du bois pourri ; ses **proies** sont immobilisées par ses mâchoires et ses dents.

**Modèles d'activité** : Basé sur quelques observations d'*Eupleres goudotii*, il est plutôt considéré comme étant **cathéméral**. Des individus de cette espèce apparemment **terrestre** et solitaire ont été observés ou pris en images à partir d'un **piège photographique** indiquant qu'il est en grande partie **nocturne** et a certaines activités **diurnes** et **crépusculaires** (30, 48). Lorsqu'il est menacé, plutôt que de fuir, *Eupleres* peut maintenir une position figée pendant une heure. Ses longues griffes minces à l'avant sont utilisées contre les éventuels

prédateurs en les utilisant comme un fouet.

Cette espèce est connue pour stocker jusqu'à 800 g de graisse **sous-cutanée** dans la queue, qui selon une estimation représente environ 20% de son poids corporel moyen (6). L'accumulation de la graisse dans la queue a lieu avant la saison froide et sèche (juin à août), lorsque la nourriture accessible, en particulier les **invertébrés** tels que les vers de terre, est particulièrement réduite. On ignore si ces réserves de graisse sont utilisées comme source d'énergie afin d'entrer dans une forme d'**estivation** ou d'**hibernation**, mais elles n'auraient certainement permettre aux animaux de survivre à des périodes saisonnières pendant lesquelles la disponibilité des aliments diminue. Des individus ont été observés en juillet dans les forêts **sempervirentes** (30), indiquant qu'au moins dans cette zone, ils peuvent être actifs pendant la saison froide et sèche.

**Organisation sociale et reproduction** : Toutes les observations connues à l'état sauvage d'*Eupleres goudotii* ont été faites sur des individus solitaires ou des femelles avec leur progéniture. Le **domaine vital** de cet animal est supposé être « très grand », mais aucune estimation numérique n'est disponible (6).

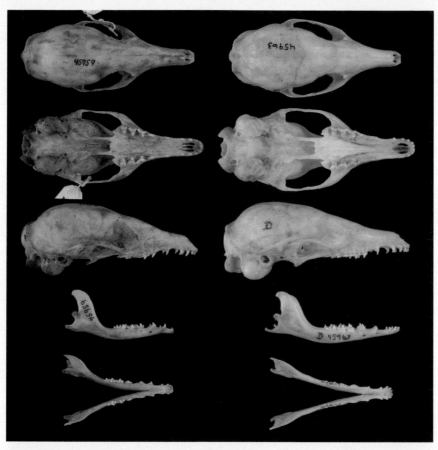

**Figure 51.** Les crânes et les dents des *Eupleres* spp. sont des **adaptations** notables à un **régime alimentaire** largement d'**invertébrés** mous, y compris les petites cuspides coniques et aplaties. La série d'images dans la colonne de gauche sont d'un **spécimen** d'*E. goudotii* et celle de la colonne de droite sont celui d'*E. major*. Il y a aussi une différence notable dans les aspects de la forme du crâne entre ces deux espèces, qui sont évidentes dans les photos. (Cliché par Kristofer Helgen.)

Cette espèce semble être majoritairement silencieuse. En captivité, seulement deux types de **vocalisations** ont été notées, une sorte d'appel ressemblant à des crachements lié à des rencontres inconnues et un son tel un hoquet associé aux interactions mère-enfant (6, 7).

La communication **olfactive** est importante, surtout pendant la saison de reproduction, lorsque les individus utilisent différentes **sécrétions** des glandes pour marquer leur **territoire** et pour d'autres types de signaux. Les mâles et les femelles peuvent être observés frottant leur glande anale sur la végétation basse et les rochers proéminents, et, dans une moindre mesure, frottant les glandes du cou sur les surfaces verticales.

Il a été proposé qu'*E. goudotii* puisse creuser ses propres tanières dans le sol, cependant, leurs longues griffes fines ne sont pas vraiment adaptées à ce type d'activité. Les animaux capturés n'ont pas de griffes abrasées (6). Cette espèce occupe probablement des **terriers** et des trous déjà existants, plutôt que de les creuser elle-même. Il dort apparemment à la base des arbres, en utilisant parfois ceux qui sont protégés par une végétation plus dense. Les subadultes sont connus pour dormir sur les branches des arbres jusqu'à 1,6 m du sol (132, Figure 52) ; ce **comportement** n'a pas été rapporté chez les adultes (6).

Peu de détails sont disponibles sur sa reproduction dans la nature et les informations suivantes proviennent principalement d'animaux en captivité (6, 7). La **copulation**, qui doit encore être observée, prend vraisemblablement lieu entre août et septembre. Les naissances ont été enregistrées seulement à la mi-novembre, et chaque portée comporte habituellement un seul petit. Les femelles ont une paire de mamelles. Les jeunes naissent avec les yeux ouverts, pèsent environ 150 g, et le pelage est plus foncé que celui des adultes. A un ou deux jours, ils sont capables de marcher normalement, après un mois, ils grimpent aux arbres pour atteindre les sites de couchage (132, Figure 52). L'âge de la maturité sexuelle est inconnu. En captivité, ces animaux sont apparemment très sensibles au stress et sont difficiles à maintenir en vie, mais au moins, leur reproduction a déjà réussi plusieurs fois.

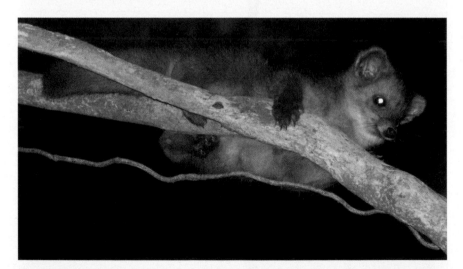

**Figure 52.** Basé sur le travail de terrain d'Andry Ravoahangy et ses collègues dans la Forêt de Tsitongambarika, au Nord de Tolagnaro, il a été récemment établi que les jeunes *Eupleres goudotii* sont capables de dormir sur des branches étroites loin du sol. (Cliché par Andry Ravoahangy.)

**Statut de conservation** : *Eupleres goudotii* est inscrit sur la Liste Rouge comme « Espèce quasi-menacée » (85). Les versions antérieures de 1990 et 1994 de cette Liste Rouge considéraient cette espèce comme étant « Espèce vulnérable », mais à cause des pressions humaines, son statut a été changé. Le résultat d'un atelier tenu en 2001 pendant lequel des spécialistes travaillant sur les Carnivora malgaches ont participé lui a donné le statut « d'Espèce vulnérable » (23). Compte tenu des habitudes encore inconnues et celles qui sont majoritairement **cathémérales**

d'*Eupleres*, et que les chercheurs de terrain visitent rarement les marais, apparemment son **habitat** préféré, peu d'informations sont disponibles pour évaluer son statut de conservation.

Il existe moins de 20 localisations connues de cet animal (60), et les estimations de la **population** adulte totale est impossible à faire. Le travail de terrain utilisant des **pièges photographiques** réalisés par Zach Farris, Brian Gerber et leurs collègues ont fourni de nouveaux détails sur la répartition et la densité de cette espèce dans les forêts **sempervirentes** (Figure 53). Les

**Figure 53.** Des études récentes utilisant des **pièges photographiques** dans différentes forêts **sempervirentes**, comme ici dans la forêt de Makira, ont fourni de nouveaux détails sur la répartition et la densité des *Eupleres goudotii*. (Cliché par Zach J. Farris.)

facteurs réduisant les populations de cette espèce comprennent la perte et la **dégradation** de l'habitat, la pression de chasse (**braconnage**) pour la **viande de brousse** et les impacts négatifs possibles des espèces **introduites**. Ces derniers point pourraient inclure la **compétition**, l'introduction de maladies ou la **prédation** par les chiens sauvages et par *Viverricula indica*, mais peu de ces données qui vérifient cette interaction ont été publiées (48).

**Taxonomie** : Les deux **sous-espèces allopatriques** déjà reconnues d'*Eupleres goudotii*, y compris *E. g. goudotii* et *E. g. major* (voir la prochaine espèce) sont maintenant considérées comme deux espèces différentes fondées sur des caractéristiques **morphologiques** distinctes tels que la structure de la patte, la coloration du pelage et les caractères crâniens et dentaires (60). Toutefois, cette conclusion doit être justifiée par des études de **génétique moléculaire**.

***Eupleres major**** Lavauden, 1929*

**Figure 54.** Illustration d'*Eupleres major*. (Dessin par Velizar Simeonovski.)

Français : euplère de Major
Malgache : *fanaloka* (utilisé aussi pour *Fossa*)
Anglais : *Major's falanouc*

**Description** : Longueur de tête-corps 515 à 650 mm, longueur de la queue 240 à 250 mm, longueur de la patte postérieure 81 à 92 mm, longueur de l'oreille 47 à 50 mm et poids 2,8 à 4,6

kg (Tableau 7). Comme pour *Eupleres goudotii*, cette espèce a un corps allongé et massif, un long museau étroit, des oreilles proéminentes, les pattes de formes étranges, et une queue relativement courte, arrondie et effilée (Figure 54). Des griffes non-**rétractiles** sur les pattes antérieures sont bien développées. Basé sur la comparaison d'échantillons, *E. major* est de couleur plus foncée que *E. goudotii*, avec le pelage du dos dense et doux, la queue brun foncé grisonnant, et les cuisses et le ventre ont souvent une teinte orangée. *Eupleres major* est particulièrement plus grand que celui-ci et les deux ont des différences marquées dans la structure des **coussinets** des pattes antérieures et postérieures (6, 60).

**Habitat et répartition** : *Eupleres major* était considéré comme limité à la région de Sambirano (6), aux forêts de transition **caducifoliée-sempervirente** du Nord-ouest de Madagascar (45). Cette espèce a été documentée à des altitudes allant de 10 à 1 500 m. Dans sa description originale (99), il a été mentionné vivant dans l'Ouest et le Nord-ouest de l'île. En fait, ce **taxon** mal connu a une large répartition dans la Nord et l'Ouest, allant des basse altitudes du Massif de la Montagne d'Ambre au sud jusqu'au moins dans le Parc National de la Baie de Baly, près de Soalala (76) et la région d'Ankarafantsika (60). Sur le Massif de la Montagne d'Ambre, il semble être remplacé à des altitudes plus élevées par *E. goudotii*.

L'habitat préféré d'*E. major* a été cité comme étant les zones forestières intactes et les zones humides avec *Raphia* et *Aframomum* (6) ; cependant, il existe peu des forêts de basse altitude non **perturbées** dans la région de Sambirano et les deux genres de plantes citées ont potentiellement été **introduits** à Madagascar. Cette espèce pourrait évoluer aussi sur le Massif de Manongarivo, mais deux expéditions dans différentes parties de cette montagne n'ont montré aucune preuve de sa présence (64).

**Nourriture et mode d'alimentation** : Pas de données disponibles. Présumés similaires à ceux d'*Eupleres goudotii*. La dentition d'*E. major* est notablement réduite, avec de minuscules pointes coniques et aplaties, adaptée à un régime d'**invertébrés** mou (Figure 51).

**Modèles d'activités** : Pas de données disponibles. Présumés similaires à ceux d'*Eupleres goudotii*.

**Organisation sociale et reproduction** : Pas de données disponibles. Présumées similaires à celles d'*Eupleres goudotii*.

**Statut de conservation** : Comme *Eupleres major* a précédemment été traité comme une **sous-espèce** d'*E. goudotii*, son statut de conservation n'a pas encore été évalué. Il y a plus de 40 ans, il a été noté que *E. major* était présent dans le Nord-ouest en « assez grande concentration », mais la persécution par les villageois et leurs chiens sembleraient avoir un impact important sur cette espèce (6).

**Taxonomie** : Les deux **sous-espèces allopatriques** déjà reconnues d'*Eupleres goudotii*, y compris *E. g. goudotii* (voir les espèces précédentes) et *E. g. major* sont désormais considérées comme des espèces distinctes fondées sur des caractéristiques **morphologiques**, entre autres, la structure de la patte, la coloration du pelage et les caractéristiques crâniennes et dentaires (60). Toutefois, cette conclusion doit être justifiée par des études de **génétique moléculaire**.

# Genre *FOSSA* Gray, 1865

## *Fossa fossana* (Müller, 1776)

**Figure 55.** Illustration de *Fossa fossana*. (Dessin par Velizar Simeonovski.)

Français : fanaloka tacheté
Noms français anciennement utilisés :
civette fossane, civette malgache
Malgache : *tombokatosody*,
*tomkasodina*, *tambosadina*, *kavahy*,
*fanaloka* (également utilisé pour
*Eupleres*)
Anglais : *spotted fanaloka*
Noms anglais anciennement utilisés :
*Malagasy civet, striped civet*

**Description** : Longueur de tête-corps
630 à 698 mm, longueur de la queue
221 à 264 mm, longueur de la patte
postérieure 84 à 93 mm et longueur
de l'oreille 44 à 48 mm (Tableau 7).
Poids des mâles adultes 1,3 à 2,1 kg
et des femelles adultes 1,3 à 1,8 kg
(92). *Fossa fossana*, avec ses courtes
pattes, son museau pointu, sa queue
touffue et son corps de grande taille
n'est pas sans rappeler la civette
(Figure 55), d'où le nom **vernaculaire**
précédemment utilisé « civette
malgache ». Basé sur des études de
**génétique moléculaire**, nous savons
maintenant que cet animal n'est· pas

lié à la civette et ce nom est donc
inapproprié.

La coloration de son dense pelage
dorsal varie de l'ocre au marron clair
et certains individus sont avec une
coloration agouti. Il y a deux lignes
mi-dorsales noires presque continues
bordées par une rangée de bandes
partiellement cassées, et suivies par
une rangée de taches dispersées sur
les flancs. La couleur de la gorge,
du bas du cou et du ventre varie de
crème à orange pâle. La queue est
brun moyen avec une série d'anneaux
et de taches concentriques, bien que
certaines individus n'aient pas ces
taches.

**Habitat et répartition** : *Fossa fossana*
évolue dans une grande variété
d'**habitats**, mais semble plus fréquent
dans les forêts **sempervirentes** du
niveau de la mer jusqu'à environ
1 500 m, des **spécimens** des
zones supérieures existent, mais ils
présentent une certaine ambiguïté
quant à l'élévation précise (87). Dans

cet habitat, il vit habituellement dans des zones près de cours d'eau ou légèrement marécageuses. Il est également connu pour vivre dans les canyons calcaires profonds du Parc National d'Ankarana avec les forêts **caducifoliées** continues et dans les **forêts littorales** des environs de Tolagnaro qui poussent sur des sols sableux. Cette espèce a également été observée dans les forêts de transition caducifoliées-sempervirentes de la région de Sambirano et la forêt sempervirente isolée de la Montagne d'Ambre au-dessus de 1 000 m d'altitude.

**Nourriture et mode d'alimentation** : Dans la forêt **sempervirente** de Madagascar, *Fossa fossana* se nourrit de différents types de **proies**, mais semble se **spécialiser** pour les organismes aquatiques tels que les amphibiens, crustacés, crabes, anguilles et peut-être des larves d'**invertébrés**, qu'il attrape facilement en eau peu profonde (3, 67). Il a également été rapporté qu'il se nourrissait d'animaux morts.

Dans une étude basée sur des **fèces** trouvées dans des sites des forêts sempervirentes du Sud-est, les proies incluaient des crabes, des serpents, des grenouilles, des mille-pattes, des différents types de coléoptères, des sauterelles, un lézard, trois espèces de rongeurs (deux **introduites**), et différents tenrecidés de tailles sensiblement différentes (67). La plus grande proie connue capturée par ce Carnivora est *Hemicentetes semispinosus* (sous-famille des Tenrecinae), une espèce **terrestre** et épineuse qui pèse 130 g.

*Fossa fossana* présente des variations saisonnières considérables dans son **régime alimentaire**. A la fin de la saison chaude et humide, les insectes, les reptiles et les amphibiens représentent 96% de son régime alimentaire, et pendant la saison froide, les insectes, les crabes et les mammifères composent 94% de celui-ci. Basé sur les études de contenu de matières fécales, aucun reste de primates n'a été identifié (Tableau 3).

**Modèles d'activité** : *Fossa fossana* est **nocturne** et **digitigrade**, même si il est capable de se déplacer sur des troncs d'arbres tombés relativement de grande taille (67). Il stocke une graisse dans sa queue avant le début de la saison froide et sèche, quand de nombreux organismes forestiers qui constituent une partie importante de son alimentation se raréfient. Les dépôts de graisse peuvent atteindre 25% de la masse corporelle normale (6) et permettent aux animaux de survivre à des périodes de pénurie alimentaire (Figure 56). Il est connu pour être actif pendant la saison froide et il n'existe aucune preuve que cette espèce **estive** ou **hiberne**.

**Organisation sociale et reproduction** : Peu d'informations sont disponibles sur *Fossa fossana* et beaucoup d'entre elles viennent de la forêt **sempervirente** de Vevembe à proximité de Vondrozo, où il semble être très commun (92). Vingt-deux animaux y ont été piégés dans une zone d'environ 2 km² au cours des deux dernières semaines de juillet 1999, pendant la saison froide et sèche. Douze de ces animaux n'étaient pas recapturés pendant la

**Figure 56.** *Fossa fossana* est essentiellement **terrestre** et connu pour stocker des quantités considérables de graisse dans sa queue, qui l'aident sans doute à survivre pendant des périodes de pénurie alimentaire. L'animal illustré ici a une queue nettement grande et arrondie. (Cliché par Harald Schütz.)

période d'étude et il se peut que ces individus ne soient pas **territoriaux** et qu'ils ne soient que de passage dans la zone d'étude.

Les analyses préliminaires de quatre individus qui ont été suivis par **télémétrie** de mi-juillet à fin septembre 1999 ont fourni des estimations de la surface de leur **domaine vital** se situant pour les mâles et les femelles entre 0,07 et 0,52 km$^2$ (92). Cette étude s'est terminée au début de la saison de reproduction, lorsque les mâles restent proches des femelles dans certaines zones de leur **territoire**, vraisemblablement pour éviter l'intrusion d'autres mâles solitaires. Une étude récente dans la forêt sempervirente du Parc National de Ranomafana, utilisant des **pièges photographiques** et des analyses « capture-recapture », a permis de trouver des densités de cette espèce plus élevées allant de 3,03 à 2,23 individus par km$^2$ (46).

*Fossa fossana* n'est pas connu pour occuper des tanières dans le sol, mais plutôt pour vivre dans des troncs d'arbres creux et dans des abris sous roche. Il ne semble pas avoir un grand répertoire vocal et utilise un grognement étouffé lors de rencontres agonistes et un cri pour la communication entre adultes et jeunes (6). Cette espèce possède une forte odeur musquée distinctive et le signal **olfactif** est important. Les glandes de **sécrétion** sont bien développées pendant la saison de reproduction, et sont utilisées pour marquer leurs territoires.

Cette espèce se reproduit suivant les saisons, l'accouplement se déroule en août et septembre (6, 92). La période de **gestation** d'animaux en captivité est de 80 à 89 jours. Le seul nouveau-né précoce pèse environ 100 g à la naissance et a déjà les yeux ouverts. Il commence à ramper un jour après la naissance et à marcher à trois jours. Les incisives poussent en trois jours et les prémolaires en cinq. Les oreilles s'ouvrent au huitième jour. Les petits mangent de la nourriture solide après environ un mois et sont sevrés avant 2,5 mois. Les anneaux de la queue et les marques dorsales sont plus visibles que chez les adultes. Les jeunes atteignent leur taille adulte vers un an.

**Statut de conservation** : *Fossa fossana* est inscrit sur la Liste Rouge des espèces menacées comme « Espèce quasi-menacée » (85). Toutefois, le résultat d'un atelier tenu en 2001 pendant lequel des spécialistes travaillant sur les Carnivora malgaches ont participé a permis de lui donné le statut de « Préoccupation mineure » (23). L'exploration biologique de la vaste région de l'Est de Madagascar dans les dernières décennies a clairement fait savoir que *F. fossana* a une large répartition dans les parties relativement intactes des forêts **sempervirentes**, ainsi que dans d'autres formations. Contrairement à d'autres petites espèces d'Eupleridae, comme *Galidia elegans*, *F. fossana* ne semble pas vivre dans des **habitats** de **forêt secondaire** ou avoir la capacité de les coloniser (49).

Dans les campagnes, *F. fossana* est considéré comme une **vermine** en raison de sa **prédation** supposée sur les poulets. Les villageois les tuent ainsi que les autres Carnivora attrapés lors d'attaques de volailles, ils installent des pièges et des appâts dans la forêt pour les capturer. Toutefois, étant donné que cette espèce vit dans la forêt, le seul cas probable où ces animaux pourraient tuer les volailles serait lorsque les habitations humaines soient entourées ou au bord de la forêt. Les gens chassent également *Fossa* pour s'en nourrir. Comme la **dégradation** des habitats et la persécution humaine de cette espèce continuent, son statut actuel de « Préoccupation mineure » va certainement évoluer vers un niveau plus menacé. Peu d'information sur la structure **génétique** des **populations** de cette espèce sont disponibles, ce qui est certainement une question cruciale dans le développement de programmes de conservation à long terme.

## SOUS-FAMILLE DES GALIDINAE

Cette sous-famille est composée de quatre genres différents, *Galidia*, *Galidictis*, *Mungotictis* et *Salanoia*. Les espèces au sein de ces genres présentent des différences dans la taille de leur corps (Tableau 8). En général, elles sont très similaires aux mangoustes (famille des Viverridae) dans leur **morphologie** externe, mais sur la base d'études récentes de **génétique moléculaire**, cette ressemblance est un cas de **convergence** (155). En effet les membres de la sous-famille des Galidinae ne sont pas des Viverridae mais sont placés dans la famille des Eupleridae. Au cours des 25 dernières années, deux espèces de cette sous-famille, *Galidictis grandidieri* et *Salanoia durrelli*, ont été décrites comme nouvelles pour la science.

**Tableau 8.** Différentes mensurations externes des adultes de la sous-famille des Galidinae. Les chiffres sont présentés comme minima et maxima (6, 36, 37, 58, 69, 105, données.Vahatra).

| Espèce | Longueur de tête-corps (mm) | Longueur de la queue (mm) | Longueur de la patte postérieure (mm) | Longueur de l'oreille (mm) | Poids (g) |
|---|---|---|---|---|---|
| *Galidia e. elegans* | 300-380 | 260-290 | 60-70 | 28-30 | 900-1085 (♂♂) 760 & 890 (♀♀) |
| *Galidictis fasciata* | 559-632 | 249-293 | 69-74 | 30-32 | 520-745 |
| *Galidictis grandidieri* | | | | | |
| ♂♂ | 406-435 | 279-317 | 85-102 | 39-40[1] | 1450-2350 |
| ♀♀ | 424-433 | 283-325 | 83-92 | | 1225-1625 |
| *Mungotictis d. decemlineata* | 264-294 | 191-209 | 60-62 | 24-25 | 475-625 (♂♂) 450-740 (♀♀) |
| *Salanoia concolor* | 350-380 | 180-200 | 66-70 | 29 | 780 |
| *Salanoia durrelli* | 310 & 330[2] | 210 | 67 | 18 | 600 & 675[2] |

[1] Mâles et femelles combinés.
[2] Mesures combinées de l'**holotype** et d'un individu relâché.

## Genre *GALIDIA* I. Geoffroy Saint-Hilaire, 1837

*Galidia elegans* I. Geoffroy Saint-Hilaire, 1837

Français : vontsira à queue annelée
Malgache : *vontsira*, *vontsira mena*, *kokia*, *vontsika*
Anglais : *ring-tailed vontsira*

Noms anglais anciennement utilisés : *Malagasy ring-tailed mongoose, ring-tailed mongoose*

**Figure 57.** Illustration de *Galidia elegans elegans*. (Dessin par Velizar Simeonovski.)

**Description** : Les mesures de la **sous-espèce** *Galidia e. elegans* incluent : longueur de tête-corps 300 à 380 mm, longueur de la queue 260 à 291 mm, longueur de la patte postérieure 60 à 72 mm, longueur de l'oreille 28 à 30 mm et poids 655 à 965 g (Tableau 8). Les mesures externes des autres sous-espèces (voir ci-dessous) se chevauchent largement. Il existe quelques indications sur le **dimorphisme sexuel** vis-à-vis de la taille corporelle basé sur des mesures effectuées dans la forêt **sempervirente** du Parc National de Ranomafana - huit mâles adultes d'en moyenne 992 g (variant de 900 à 1 085 g) et deux femelles adultes pesant 760 et 890 g (36). La forme du corps est généralement semblable à celle de la mangouste, avec des pattes relativement courtes et une queue touffue qui fait un peu plus de deux tiers de la longueur du corps (Figure 57).

En général, les pattes de *G. elegans* sont relativement grandes, avec des **coussinets** nus bien développés. Ses orteils sont palmés (Figure 58). Les pattes postérieures sont plus longues que les antérieures, et les griffes sont non-**rétractiles**. Ces diverses

**adaptations** permettent à cette espèce de marcher et de courir sur le sol, de grimper aux arbres et de nager.

*Galidia e. elegans* est la plus sombre des trois sous-espèces reconnues, avec la coloration du corps rougeâtre marron plus ou moins sombre, la gorge fauve, le dessus et les côtés de la tête gris-fauve avec du noir, et le ventre, les pattes et les flancs presque noirs (Figure 59A). La queue de cette sous-espèce est marquée par six à sept bandes alternées brun-rouge foncé et presque noir. Les oreilles sont visibles, mais pas proéminentes, et sont bordées par une bande de couleur claire.

Les autres sous-espèces reconnues ont tendance à être plus pâles que *G. e. elegans*, sans le ventre sombre. Cependant, les adultes ne montrent pas toujours des caractères cohérents par rapport à la coloration du pelage citée dans la littérature étant donné la présence de différentes sous-espèces (4, 145, Figure 59). Les caractères qui définissent *G. e. elegans* sont présentés dans les deux paragraphes précédents et cette forme est illustrée dans la Figure 59A. Les surfaces dorsale et ventrale de *G. e. occidentalis* sont moins saturées en couleur par

**Figure 58.** Les pattes postérieures de *Galidia elegans* montrent un développement important de la palmure des orteils. Cette particularité améliorerait la capacité de cette espèce à nager dans l'eau et dans certaines circonstances à répartir son poids sur un substrat mou tel que le sable. (Cliché par Harald Schütz.)

rapport à celles de *G. e. elegans*, qui est rouge brunâtre, sa gorge est légèrement plus sombre et tachetée de gris, les parties distales des orteils sont d'une coloration noire, et la queue se présente généralement avec cinq bandes alternant le brun rougeâtre sombre et une couleur presque noire (Figure 59B). Les mesures externes de *G. e. occidentalis* comprennent la longueur de tête-corps de 315 à 390 mm, longueur de la queue de 260 à 280 mm, longueur de la patte postérieure de 65 à 70 mm, longueur de l'oreille de 21 à 28 mm et poids de 680 à 920 g (6). *Galidia e. dambrensis* a une coloration du pelage similaire à celle de *G. e. occidentalis*, mais diffère par la tête, la gorge et le ventre plus pâles, les pattes distinctement plus pâles, et d'une manière semblable, la queue a aussi cinq anneaux alternant le noir et le brun-rougeâtre (Figure 59C). Les mesures externes du *G. e. dambrensis*

comprennent la longueur de tête-corps de 300 à 390 mm, longueur de la queue de 250 à 280 mm, longueur de la patte postérieure de 60 à 70 mm, longueur de l'oreille de 29 à 30 mm et poids de 720 à 990 g (6).

**Habitat et répartition** : *Galidia elegans* est le Carnivora **endémique** le plus remarquable de l'île, et vit dans la plupart des types de formations forestières naturelles, à l'exception de la portion Sud des forêts **caducifoliées** et du Sud-ouest du **bush épineux**. Les **populations** de l'Est de Madagascar sont connues pour évoluer dans les **forêts littorales** poussant sur des substrats sableux, au niveau de la mer et à travers différentes formations au sein des forêts **sempervirentes**, des régions de basses altitudes jusqu'à la ligne de la limite supérieure des forêts à 1 950 m.

Dans l'extrémité nord de l'île, *G. e. dambrensis* vit dans les forêts de transition caducifoliées-sempervirentes et sempervirentes de la Montagne d'Ambre à environ 650 m de la zone sommitale qui se situe à 1 475 m. Il est également connu à Ankarana dans des formations forestières caducifoliées mésiques poussant au sein de canyons relativement profonds et protégés. *Galidia e. occidentalis* se rencontre dans des zones calcaires et vit également dans des canyons et des zones de forêts caducifoliées relativement humides. Les animaux enregistrés à Tsimembo, à l'Est de Bemaraha et à l'extérieur de la zone calcaire, révèlent des modèles de coloration du pelage de cette **sous-espèce**.

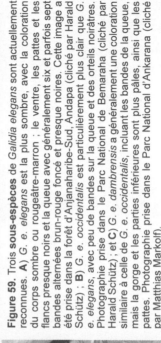

**Figure 59.** Trois **sous-espèces** de *Galidia elegans* sont actuellement reconnues. **A)** *G. e. elegans* est la plus sombre, avec la coloration du corps sombre ou rougeâtre-marron ; le ventre, les pattes et les flancs presque noirs et la queue avec généralement six et parfois sept bandes alternées brun-rouge foncé et presque noires. Cette image a été prise dans la forêt d'Anjanaharibe-Sud, Andapa (cliché par Harald Schütz) ; **B)** *G. e. occidentalis* est particulièrement plus clair que *G. e. elegans*, avec peu de bandes sur la queue et des orteils noirâtres. Photographie prise dans le Parc National de Bemaraha (cliché par Harald Schütz) ; et **C)** *G. e. dambrensis* a généralement une coloration similaire à celle de *G. e. occidentalis*, incluant les bandes de la queue, mais la gorge et les parties inférieures sont plus pâles, ainsi que les pattes. Photographie prise dans le Parc National d'Ankarana (cliché par Matthias Markolf).

*Galidia elegans* peut être vu à de courtes distances de forêts relativement intactes, dans des **forêts secondaires** et même dans des clairières. Basé sur les données quantifiées venant des forêts sempervirentes du Centre-est de Madagascar, cette espèce a une préférence pour les forêts intactes, mais vit également dans de plus faibles densités dans des zones partialement déboisées et de petits fragments de forêt (49).

**Nourriture et mode d'alimentation** : Cette espèce est **omnivore** et se nourrit d'une grande variété de petits mammifères (rongeurs, tenrecidés et lémuriens), d'animaux aquatiques (poissons et grenouilles), de reptiles (y compris les serpents de grande taille), **invertébrés** (crabes, écrevisses, escargots, vers, cloportes et insectes, y compris les larves), ainsi que des œufs d'oiseaux (6, 16, 36, 57, 134). La technique pour maîtriser les rongeurs est de donner une morsure mortelle dans la partie antérieure du crâne, écrasant le cerveau (Figure 60). Il a été vu déterrant de **terriers** des rongeurs du genre *Nesomys* (sous-famille des Nesomyinae), qui pesant jusqu'à 200 g, et se nourrissant de différentes espèces de lémuriens (Tableau 3), le plus important étant

*Avahi laniger*, qui pèse en moyenne 1,2 kg. Cependant, il n'est pas clair si *Galidia* a attrapé *Avahi*, s'il l'a volé à un autre **prédateur**, comme une **rapace**, ou trouvé lorsqu'il était déjà mort.

*Galidia* est connu pour se reposer en silence au bord de petits ruisseaux en épiant la surface, puis sautant dans l'eau afin de saisir des **proies** comme des poissons, des grenouilles ou des écrevisses. Ses pattes partiellement palmées (Figure 58) l'aident à se propulser dans l'eau pour capturer ses proies. Il a été observé attaquant des oiseaux de moyenne taille, y compris les râles de forêt (*Mentocrex kioloides*),

**Figure 60.** Bien que relativement petit, *Galidia elegans* est un **prédateur** redoutable et capable de prendre des animaux ayant un poids corporel plus grand que lui. Sur cette photo, il est en train de tuer un individu de *Rattus rattus*, un rongeur **introduit** (famille des Muridae). (Cliché par Harald Schütz.)

des couas (*Coua caerulea*) et des brachyptérolles écaillées (*Geobiastes squamiger*). Ainsi, divers oiseaux forestiers **diurnes** sont attaqués par ce Carnivora.

Il est connu pour ravager des camps de chercheurs et touristes en forêt et une fois qu'il est habitué à la présence humaine, il n'hésite pas à les fouiller pour trouver de la nourriture même les poubelles. Il peut ouvrir habilement les fermetures des tentes qui contiennent des nourritures ou tout simplement les déchirer pour accéder aux stocks. Il est connu par les villageois pour attaquer les volailles, mais cette **hypothèse** a besoin d'être vérifiée.

*Galidia elegans* a une démarche semi-**digitigrade** et des **coussinets** particulièrement charnus qui l'aident à escalader des troncs d'arbres presque verticaux, des branches horizontales et des lianes. La **population** de la Montagne d'Ambre (*G. e. dambrensis*) cherche souvent sa nourriture dans les arbres, jusqu'à 15 m du sol. Ces animaux peuvent y être facilement vus sautant de végétation horizontale à verticale et fouillant des trous dans les arbres et les plantes épiphytes à la recherche d'une proie potentielle. Dans la forêt **sempervirente** de basse altitude du Centre-est à Betampona, près de 13% de toutes les observations de cette espèce ont été faites sur les arbres, généralement à moins de 5 m du sol, bien que dans un cas, un animal ait été trouvé à environ 12 m (16).

Dans la forêt sempervirente, *Galidia* est diurne et **sympatrique** avec d'autres Carnivora relativement petits, en particulier avec *Galidictis fasciata* qui est **nocturne** et légèrement plus grand et *Salanoia concolor* diurne et légèrement plus petit. Avec les différences de taille, de la structure dentaire et l'alimentation de ces animaux, ainsi qu'avec des périodes d'activité différentes, la **compétition** est réduite (séparation **temporelle** des **niches**) (48). A partir d'une étude comparative à Betampona, où *Salanoia* et *Galidia* coexistent, les différences sont claires dans le type de proies et l'utilisation de l'**habitat** de ces deux genres des Carnivora, qui fournissent une preuve supplémentaire de la réduction de la compétition en ce qui concerne les ressources alimentaires (16).

**Modèles d'activité** : Des travaux récents avec des **colliers émetteurs** posés sur *Galidia elegans* ont montré qu'il n'est pas exclusivement **diurne**, comme on le pensait auparavant, mais il est parfois actif durant la nuit (**nocturne**). Cette espèce a tendance à être plus active en début de matinée et à la fin de l'après-midi (**crépusculaire**). Elle est généralement considérée comme **terrestre**, mais comme décrit ci-dessus, elle est un **grimpeur** agile.

**Organisation sociale et reproduction** : Les recherches de terrain sur *Galidia elegans* menées par Roland Albignac dans différents types de forêts et basées sur des techniques de piégeage ont fourni une estimation cohérente du **domaine vital** allant de 20 à 25 ha (6). Basé sur une étude d'une courte durée de capture-marquage-relâche dans la forêt **sempervirente** du Parc National de Ranomafana, la densité de cette espèce a été estimée à 37 animaux par km$^2$ (36), qui pourrait être une surestimation ou il a probablement quelque chose de particulier concernant ce site d'étude.

Dans la forêt sempervirente de montagne formant la parcelle 1 du Parc National d'Andohahela, un *G. elegans* a été marqué à 810 m d'altitude et a été observé quelques jours plus tard à 1 200 m, avec une distance directe d'environ 2,5 km (61). Dans certaines zones, il peut atteindre des densités sensiblement élevées. Par exemple, à 1 000 m d'altitude sur la Montagne d'Ambre, il était très courant dans les années 1990. Pendant les sept jours de piégeage dans cette localité, avec 20 pièges placés chaque jour, plus de 28 *Galidia* individus différents ont été capturés dans une zone relativement limitée. Ce site a de fortes densités de *Rattus* **introduits** (famille des Muridae), dont *Galidia* se nourrit. Les récentes visites sur ce site indiquent que le nombre de ce Carnivora a considérablement diminué et il semble être maintenant notamment rare.

Peu de chose est publiée sur l'organisation sociale de cette espèce dans la nature, mais des études sur le terrain semblent dévoiler qu'elle vit, au moins de façon saisonnière, solitaire ou en petits groupes de trois à quatre individus (6, 16, 36). Les groupes sont probablement composés d'un couple mâle-femelle et de leurs jeunes subadultes.

Des rencontres agressives entre les individus, en particulier les mâles adultes, comprennent souvent une attitude soumise distinctive de l'animal non-dominant. Les animaux soumis plient leurs membres antérieurs de sorte que la poitrine touche presque le sol, les oreilles sont repliées vers l'arrière, les dents apparentes et le museau pointe vers le haut, touchant presque la tête de l'animal dominant. Lorsque ce dernier approche, l'animal soumis pousse une forte **vocalisation** aigüe et stridente. Les animaux piégés produisent un appel menaçant divisé en deux parties, un grognement guttural suivi par un bruit rauque de crachement.

Cette espèce est assez vocale et ses signaux sonores ont été classés en quatre types (6) : 1) un appel de contact entre les membres de la même famille ressemblant à un sifflet, souvent donné tout en se déplaçant à travers la forêt, 2) un appel spécifique à la capture de leurs **proies**, 3) des grognements et des cris aigus comme des appels d'intimidation, d'attaque ou de défense et 4) une vocalisation de **copulation**. Les adultes déposent régulièrement des marques **olfactives** dans leur **domaine vital**, qui sont d'urine et des **sécrétions** de musc produites par différentes glandes du corps.

Les **terriers** de cette espèce, présentant souvent de nombreuses ouvertures, ont été aperçus dans différents contextes. Elle est capable de creuser son propre système de terriers. Dans les zones de roches sédimentaires, comme le Plateau du Bemaraha, des terriers ont été trouvés dans des crevasses rocheuses et des passages souterrains. Au sein des forêts **sempervirentes**, ces cavités ont tendance à se trouver dans le sol sous des grands arbres, dans des fissures creusées le long des berges, ou dans des bases creuses d'arbres vivants, abattus ou encore dans des souches.

L'accouplement dans les forêts de l'Est a généralement lieu entre juillet et novembre. La période de **gestation** a été estimée en moyenne entre 82,6 et 85,6 jours et la taille de portée est de un petit (6, 98). Les femelles ont une paire de mamelles. Avant la copulation, le mâle poursuit la femelle avec une intensité croissante, et les deux animaux marquent des objets proéminents avec les secrétions de leur corps. Les mâles reniflent fréquemment la zone génitale des femelles. La copulation a lieu dès que la femelle sollicite le mâle en abaissant et en frémissant la partie antérieure de son corps et foulant lentement sa croupe. Elle dure généralement 10 à 30 secondes et la séquence complète des 7 à 12 copulations a lieu dans une période de 15 à 80 minutes.

Les nouveau-nés sont couverts de fourrure, pèsent généralement entre 40 et 50 g, et la coloration du pelage est la même que celle des adultes (6, 98). Ils peuvent entendre dès la naissance, les yeux sont ouverts au quatrième jour, les incisives poussent au huitième jour et les prémolaires au jour 21. Ils commencent à marcher au douzième jour. Le sevrage a lieu environ huit à dix semaines après la naissance et les jeunes commencent à chasser de petites **proies** à trois mois. Les petits ne gardent leurs dents de lait que sept mois. Dès qu'ils deviennent actifs, ils peuvent être vus cherchant des proies dans la forêt avec leurs parents, ils restent probablement avec leurs parents jusqu'à un an, jusqu'à ce qu'ils atteignent leur taille adulte. Cette espèce atteint l'âge de la reproduction à deux ans. Il existe certaines preuves selon lesquelles, dans certaines parties de leur distribution géographique, les femelles peuvent se reproduire deux fois dans l'année quand celle-ci est bonne. Compte tenu de la période de gestation relativement courte, ceci pourrait expliquer pourquoi des femelles ou des couples sont parfois vus avec deux jeunes de différentes tailles (36).

**Statut de conservation** : *Galidia elegans* est inscrit sur la Liste Rouge comme « Espèce de préoccupation mineure » (85). Le résultat d'un atelier du « Conservation Breeding Specialist Group » (23) sponsorisé par la SSC / UICN tenu en 2001, a réuni des spécialistes travaillant sur les Carnivora malgaches et a donné à *G. e. elegans* et *G. e. occidentalis* le statut de « Préoccupation mineure » et à *G. e. dambrensis* le statut de « Vulnérable ». La réduction continuelle du couvert forestier dans lequel cette espèce évolue met une pression importante sur les **populations** existantes. L'utilisation des parties du corps de cet animal, pour diverses potions médicinales et surnaturelles est peut-être peu importante (Figure 32), ainsi que sa chasse pour la **viande de brousse** (voir p. 65).

*Galidia* peut être observé à l'**écotone** entre la forêt et les zones d'**origine** anthropique. Cette espèce est considérée par les personnes vivant dans la campagne comme pilleuse de volailles et est chassée et persécutée dans les villages et hameaux à proximité de la forêt. Leur mauvaise réputation n'est peut pas être totalement méritée, mais comme *Galidia* est un animal **diurne** pas très discret, il est compréhensible de le blâmer d'être le responsable de la disparition des volailles.

En général, étant donné la grande répartition des *G. elegans* à Madagascar et leurs densités relativement élevées dans certaines zones, ils sont parmi les Carnivora natifs les moins menacés de l'île. Ils évoluent dans les forêts en train de se **régénérer** ou partiellement **secondaires**, traversent des zones ouvertes entre les fragments de forêt, et sont aperçus là où il y a des arbres **introduits** à proximité de forêts indigènes. Des travaux récents ont souligné qu'en la présence de Carnivora introduits (chiens et *Viverricula indica*) dans les forêts occupées par *G. elegans*, il existe un décalage dans leurs périodes d'activités préférées, sans doute pour réduire la concurrence ou même la **prédation** (48).

**Taxonomie** : Trois **sous-espèces** reconnues (4, 6) -- *Galidia e. elegans* de l'Est de Madagascar au sud de Vohémar, à la région avoisinant le bassin d'Andapa et jusque au sud de Tolagnaro ; *G. e. dambrensis* qui a été initialement décrite à la Montagne d'Ambre, mais les animaux d'Ankarana sont également affectés à cette forme ; et *G. e. occidentalis* du centre-ouest de Madagascar, dans les régions calcaires de Bemaraha, Namoroka et Kelifely. Le statut spécifique de certaines **populations** géographiquement intermédiaires reste non résolu (par exemple, le bassin de Sambirano, la région des lacs à l'ouest de Bemaraha et les forêts proches de Daraina).

Une étude **phylogéographique** récente utilisant des outils de **génétique moléculaire** a montré quelques tendances intéressantes (12). Les individus venant de Bemaraha (*G. e. occidentalis*) ont montré des différences génétiques notables par rapport aux animaux capturés dans d'autres parties de l'aire de répartition de cette espèce, et cette forme mérite probablement d'être considérée comme une espèce à part entière. En outre, cette étude a produit quelques résultats préliminaires selon lesquels *G. e. elegans* n'est pas génétiquement homogène et peut être composé de plusieurs **clades** différents.

# Genre *GALIDICTIS* I. Geoffroy Saint-Hilaire, 1839

### *Galidictis fasciata* (Gmelin, 1788)

Français : galidictis fascie
Malgache : *vontsira fotsy*, *bakiaka betanimena*, *bakiaka belemboka*
Anglais : *broad-striped vontsira*
Noms anglais anciennement utilisés : *broad-striped mongoose*, *Malagasy broad-striped mongoose*

**Description** : Longueur de tête-corps 559 à 632 mm, longueur de la queue 249 à 293 mm, longueur de la patte postérieure 69 à 74 mm, longueur de l'oreille 30 à 32 mm et poids 520 à 745 g (Tableau 8). La forme du corps ressemble à celle de la mangouste, les pattes sont relativement courts,

**Figure 61.** Illustration de *Galidictis fasciata*. (Dessin par Velizar Simeonovski.)

la queue est unicolore et fait un peu moins de la moitié de la longueur du corps (Figure 61). Le pelage dorsal est gris-beige, il s'étend jusqu'aux pattes et à la partie proximale de la queue. La tête est un grisonnant brun-grisâtre, et le ventre est nettement plus pâle. Les deux tiers distaux de la queue sont blanc-crème et la fourrure y est plus longue. Le dos est marqué de la nuque à la base de la queue avec des bandes longitudinales distinctes brun foncé qui sont plus larges ou de largeurs égales aux interlignes gris-beige.

**Habitat et répartition** : *Galidictis fasciata* vit dans les forêts **sempervirentes**, à des altitudes allant des plaines aux formations montagneuses jusqu'à environ 1 500 m. Il est inconnu des **forêts littorales** qui poussent sur des substrats sableux. Des explorations biologiques récentes indiquent qu'il a une répartition géographique beaucoup plus large que précédemment connue, au moins depuis la forêt de Makira au Nord-est jusqu'au Massif d'Andohahela dans l'extrême Sud-est. La plupart des observations sont issues de forêts relativement intactes, mais il a été rencontré dans des **habitats** forestiers **dégradés** et est capable du moins à moyen terme de maintenir sa **population** dans des **fragments** forestiers isolés (48, 49).

**Nourriture et mode d'alimentation** : Aucune information quantitative n'est disponible sur le **régime alimentaire** de *Galidictis fasciata*, mais il se nourrit sans doute en grande partie de petits vertébrés, notamment des reptiles, d'amphibiens et de petits mammifères (58). Elle a été vue, à l'occasion de pillages des réserves alimentaires stockées dans des camps forestiers.

Comme cette espèce vit dans les forêts et que les habitations humaines à l'intérieur ou à proximité immédiate de son **habitat** ne sont pas communes, sa réputation comme étant un mangeur de volailles dans les villages a besoin d'être authentifiée. Cet animal est souvent confondu par la **population** locale avec *Viverricula indica* (voir p. 58), un Carnivora **introduit** dont le pelage est superficiellement similaire et qui vit dans des zones découvertes et à la **lisière** des forêts.

**Modèles d'activité** : Très mal connus, mais *Galidictis fasciata* qui est **nocturne**, est principalement **terrestre** et discret. Des individus ont été piégés sur des rondins de bois tombés au sol et ont été observés grimpant dans de grands arbres jusqu'à 1,5 m au-dessus du sol. Grâce à la technique du **piège photographique** (voir p. 70), il a été possible de quantifier d'une manière différente les mœurs de cette espèce (Figure 62). *Galidictis fasciata* semble avoir des activités strictement nocturnes (48).

**Organisation sociale et reproduction** : Aucun détail précis sur *Galidictis fasciata* n'est disponible. Lors de différents inventaires sur le terrain, la densité de cette espèce n'a pas été étudiée. Dans la plupart des cas, des individus solitaires ou rarement des couples sont observés lors des sorties **nocturnes**. En général, elle est mal connue par des habitants vivant à proximité de la forêt, car cette espèce est nocturne et ne s'aventure pas dans des **habitats** ouverts. Les aspects de la vie sociale de *G. fasciata* sont supposés être similaires à ceux de *Galidia*, mais des études ultérieures sont nécessaires afin d'en apprendre davantage sur ses activités de reproduction.

**Statut de conservation** : *Galidictis fasciata* est inscrit sur la Liste Rouge comme « Espèce quasi menacée » (85). Cette espèce a une grande répartition dans les forêts **sempervirentes**, allant des **habitats** de plaine aux habitats de montagne relativement intacts mais sa diminue considérablement dans cette dernière. Les données actuelles indiquent qu'il a une répartition importante mais qu'il

**Figure 62.** L'emploi récent de la technique du **piège photographique** a fourni d'importantes nouvelles connaissances sur la densité et les périodes d'activités des Carnivora malgaches mal connus tel que *Galidictis fasciata*. (Cliché par Brian Gerber.)

apparaît à des densités relativement faibles.

**Taxonomie** : Certaines **taxonomistes** ont reconnu deux **sous-espèces** vivant dans les forêts **sempervirentes** de l'Est, *Galidictis f. fasciata* du Centre et du Sud-est au moins jusque dans la région de Kianjavato au Nord et *G. f. striata* du Centre-est dans la région de Brickaville, au nord de la forêt de Sihanaka à l'Est du Lac Alaotra, et probablement jusqu'à la limite nord de la forêt de Makira.

## Galidictis grandidieri Wozencraft, 1986

**Figure 63.** Illustration de *Galidictis grandidieri*. (Dessin par Velizar Simeonovski.)

Français : vontsira de Grandidier
Malgache : *votsotsoke*
Anglais : *Grandidier's vontsira*
Noms anglais anciennement utilisés :
*giant-striped mongoose, Grandidier's mongoose*

**Description** : Chez les mâles, longueur de tête-corps 406 à 435 mm, longueur de la queue 279 à 317 mm, longueur de la patte postérieure 85 à 102 mm et poids 1 450 à 2 350 g (Tableau 8). Chez les femelles, longueur de tête-corps 424 à 433 mm, longueur de la queue 283 à 325 mm, longueur de la patte postérieure 83 à 92 mm et poids 1 225 à 1 625 g (105). Par conséquent, cette espèce présente un **dimorphisme sexuel** en termes des mesures externes. Basé sur ces mesures, en particulier le poids, *Galidictis grandidieri* est le troisième plus grand Eupleridae, après *Cryptoprocta ferox* et *Fossa fossana*.

Le corps ressemble à celui de la mangouste, avec un museau assez long et pointu (Figure 63), d'où l'**origine** des noms **vernaculaires** précédemment utilisée. La queue touffue n'a pas d'anneaux et mesure un peu moins de la moitié de la longueur de tête-corps. Le pelage dorsal et ventral est gris-beige sombre, la queue est blanche, le rostre et les pattes sont brun-rougeâtre grisonnant. Les parties distales des oreilles sont couvertes d'une fine couche de poils courts. Huit rayures dorsales longitudinales brun foncé s'étirent de la base des oreilles vers la base de la queue. Ces bandes sont pratiquement parallèles et font environ 5 à 7 mm de large. Les interlignes mesurent 8 à 12 mm, elles sont blanches et légèrement plus larges que les bandes, mais présentent une variation considérable entre les individus. Les pattes sont particulièrement allongées et les orteils sont palmés (Figure 64). Les pattes postérieures sont plus longues que les antérieures. Les griffes sont longues et non-**rétractiles**.

**Habitat et répartition** : La partie principale du domaine de répartition de *Galidictis grandidieri* se situe dans la zone calcaire accidentée du sud de la rivière Onilahy et le long du Plateau Mahafaly. Il est connu pour vivre à des altitudes allant du niveau de la mer à environ 150 m. Cette partie extrême du Sud-ouest de l'île reçoit en moyenne

**Figure 64.** *Galidictis grandidieri* vit dans des zones de roches et de sable, les pattes et les griffes allongées, ensuite les orteils palmés, sont des **adaptations** dans ces conditions. (Cliché par Jana Jeglinski.)

moins de 400 mm de **précipitations** par an et les températures quotidiennes peuvent dépasser les 40°C.

*Galidictis grandidieri* a été décrit en 1986 (150, 151) à partir des deux **spécimens** anciens de musée, et à cette époque on ne savait pas si c'était des **populations** éteintes ou si elles vivaient toujours. Peu de temps après sa description, cette espèce a été « redécouverte » dans le **bush épineux** au pied du Plateau Mahafaly et à l'est de la plaine côtière comprenant le grand lac alcalin de Tsimanampetsotsa (Figure 17). Par la suite, des recherches menées par une équipe conjointe de l'Université de Hambourg et de l'Université

d'Antananarivo, et particulièrement par Andriatsimietry Rahery, Jörg Ganzhorn, Jena Jeglinski et Matthias Marquard, ont fourni de nombreux détails fascinants sur l'**histoire naturelle** de cette espèce.

Il est connu pour évoluer dans les trois **communautés** de végétation **xérophytique** locales du Parc National de Tsimanampetsotsa : 1) à la base du plateau, qui est dominé par les familles de plantes Didiereaceae, Euphorbiaceae et Burseraceae, 2) dans la formation du bush épineux sur l'escarpement calcaire de la partie ouest du Plateau Mahafaly, et 3) dans le bush épineux reposant sur des sols sablonneux à l'ouest du Plateau Mahafaly (104, 105, 131). Il est nettement plus abondant dans le premier **habitat**, en particulier dans la zone boisée au pied de la partie ouest du plateau, où il y a une résurgence d'un **aquifère** souterrain le long d'une faille géologique nord-sud. De grandes portions des parties orientales du plateau sont sans sources d'eau à la surface. Bien qu'on ne sache pas si *G. grandidieri* est obligé de boire de l'eau régulièrement, les **proies** potentielles à proximité de sources d'eau sont présentes en densité et en **diversité** plus grandes que dans les zones environnantes sans eau.

**Nourriture et mode d'alimentation** : Lors d'une expédition ornithologique au Lac Tsimanampetsotsa en 1929, *Galidictis grandidieri*, qui a du attendre une période supplémentaire de 60 ans pour être décrite, a été retrouvée peu après la tombée de la nuit, déterrant des carcasses d'oiseaux empaillés (127). Ces données originales indiquent que cette espèce est **carnivore** et aussi **charognard**. Elle cherche des **proies** dans la litière, dans les crevasses, les trous de la roche calcaire exposée et des arbres creux, et sous l'écorce des arbres (10). Les proies sont tuées d'un coup de dents, soit directement quand l'animal est en mouvement ou une fois qu'elles sont maîtrisées avec les pattes antérieures.

Les **fèces** de *G. grandidieri* sont très distinctes et ne peuvent pas être confondues avec celles d'aucune autre espèce locale de Carnivora. Elles forment de longs cylindres noirs ou gris, de 3 à 14 cm de long et 1 à 2 cm de large (Figure 20). Les individus de cette espèce sont connus pour utiliser des latrines, pouvant ainsi comporter un nombre considérable de fèces déposées sur plusieurs semaines ou mois. Ces latrines sont visibles et trouvées près de points proéminents du paysage tels que le sommet de collines, des rochers et des affleurements importants (Figure 65).

**Figure 65.** *Galidictis grandidieri* est connu pour utiliser des latrines, où il défèque au cours de plusieurs semaines ou mois. Ces **fèces** peuvent être collectées pour apprendre davantage sur les aspects de son **régime alimentaire** à partir de l'analyse des portions non digérées des **proies** qui restent, comme les os, les poils, les plumes et les **invertébrés**. (Cliché par Jana Jeglinski.)

Une analyse de fèces a été menée sur la **population** vivant au pied du Plateau Mahafaly (10). Les proies les plus couramment consommées par cette espèce sont les blattes de Madagascar du genre *Gromphadorhina*, qui sont particulièrement communes dans cette zone et qui se déplacent activement pendant la nuit. D'autres types de proies comprennent les criquets, les scorpions et plus rarement des **vertébrés** tels que les petit tenrec-hérissons (*Echinops telfairi*), les chauves-souris (*Hipposideros commersoni*), les lémuriens

(*Microcebus griseorufus*) et différents oiseaux et reptiles. Les restes d'une tortue terrestre, *Astrochelys radiata*, ont aussi été trouvés, sans doute une **charogne** plutôt qu'une proie directe.

L'alimentation de cette espèce présente des différences saisonnières dans les proportions de la **biomasse** et dans les types de proies consommées. Pendant la saison sèche, elle se nourrit de façon disproportionnée sur les **invertébrés**, comme les scorpions, les blattes de Madagascar et différents types de coléoptères. Pendant la saison des pluies, sa consommation en vertébrés augmente beaucoup, et plus particulièrement en mammifères et oiseaux. Peu importe la saison, près de 90% des proies consommées par ce Carnivora sont composés d'animaux pesant moins de 10 g. Le seul autre Eupleridae vivant dans la région est *Cryptoprocta ferox*, qui capture des proies plus grandes. Ainsi, même si ces deux Carnivora sont largement **nocturnes**, la **compétition** pour les mêmes ressources alimentaires est probablement très faible.

**Modèles d'activité** : *Galidictis grandidieri* est strictement **nocturne**, il devient actif, peu après le coucher du soleil et retourne dans sa tanière bien avant l'aube. On le pensait être exclusivement **terrestre**, mais des observations récentes indiquent qu'il

**Figure 66.** Jusqu'à récemment, les informations sur l'**histoire naturelle** de *Galidictis grandidieri* étaient relativement limitées. Des études détaillées réalisées par des chercheurs ont fourni de nouveaux aperçus sur la manière dont cette espèce vit. On la pensait être auparavant exclusivement **terrestre**, mais elle a clairement la capacité de grimper sur les arbres et les buissons. La photo présente un individu descendant d'un arbre dans un camp de recherche installé à la **lisière** de la forêt. La couleur étrange des yeux est associée à la réflexion du flash de l'appareil. (Cliché par Matthias Marquard.)

peut facilement grimper aux arbres (Figure 66).

**Organisation sociale et reproduction** : Des études récentes utilisant la technique de piégeage de *Galidictis grandidieri* et les individus fixés avec les **colliers émetteurs** ont fourni de nombreux détails importants concernant les activités sociales de cette espèce (105). Des résultats basés sur des transects indiquent dans la zone de plus forte concentration, des densités d'environ huit individus par km² et dans les zones de faible densité à l'est et à l'ouest du plateau du côté de la falaise d'un seul individu par km².

Les données actuelles indiquent que les **domaines vitaux** des mâles sont relativement grands et se chevauchent probablement entre les individus, résultant des densités plus faibles par rapport à celles des femelles. Une fois, un animal s'est déplacé en ligne droite sur une distance de 1,5 km pendant la nuit. Des individus solitaires et des groupes de deux sont fréquemment observés. Plus rarement, des groupes peuvent avoir jusqu'à cinq individus. Les animaux solitaires sont essentiellement des mâles. Les groupes de deux sont généralement des femelles avec leur progéniture et ceux de trois animaux ou plus sont majoritairement des mâles. Dans les groupes mâles, des interactions agressives peuvent être observées, ce qui est sans doute associé à la **compétition** pour l'accès aux femelles.

Peu de détails sont disponibles sur la communication de cette espèce, mais comme chez la plupart des Eupleridae

nocturnes, ils sont relativement silencieux. Les **sécrétions** des glandes déposées sur des repères du domaine vital d'un individu donné semblent être importantes pour la communication **olfactive** chez cette espèce, la queue blanche tel un drapeau souvent tenue dans une position verticale a probablement une fonction de signalisation importante (Figure 19).

Cette espèce dispose ses gîtes dans les labyrinthes de trous et de grottes du calcaire **karstique** qui compose le Plateau Mahafaly. Ils sont généralement situés dans des zones de roche exposée, sans végétation et souvent associés à des sites de latrines à proximité. Dans quelques cas connus, les crevasses atteignent des profondeurs de plusieurs mètres, où ces animaux peuvent échapper à la chaleur intense de la journée. Contrairement à l'inférence précédente, ces repaires ne sont pas situés strictement dans le sol. Un gîte a été retrouvé dans un arbre creux à environ 3 m du sol (Figure 67).

Les données actuelles semblent indiquer que le même **terrier** n'est pas nécessairement utilisé plusieurs jours consécutifs. Basé sur une étude utilisant un **collier émetteur** pendant 16 nuits consécutives, une femelle avec des juvéniles ont utilisé sept gites différents le long de la falaise calcaire sur une distance maximale de 1 km (105). Il n'existe aucune preuve que cette espèce creuse des terriers étant donné le substrat rocheux sur lequel il vit.

*Galidictis grandidieri* n'a pas apparemment une saison de reproduction fixe. Lors d'une étude

**Figure 67.** *Galidictis grandidieri* place généralement ses gîtes dans les crevasses rocheuses du plateau calcaire de Mahafaly. Cependant, on l'a récemment trouvé dans des zones éloignées de ces affleurements du plateau dans lesquelles, cet animal est connu pour occuper des arbres creux. (Cliché par Jana Jeglinski.)

rapide au Lac Tsimanampetsotsa en novembre 1989, un certain nombre de femelles capturées étaient à différents stades de reproduction, notamment des femelles allaitantes, en **gestation** et en chaleur ; des subadultes d'âges différents ont également été piégés (66). Ainsi, il a été conclu que cette espèce se reproduit toute l'année. Toutefois, étant donné le haut degré de saisonnalité des schémas météorologiques, notamment les **précipitations**, il est supposé que les **proies** de *G. grandidieri* présenteraient des fluctuations. Ces modèles pourraient être partiellement compensés par les sources d'eau permanentes le long de la ligne de faille.

Sur la base de différentes conclusions, il semble que *G. grandidieri* ait un système d'accouplement libertin (105) et les femelles sont entièrement responsables du soin parental. D'une manière ou d'une autre, quand les femelles réceptives choisissent les mâles, elles copulent avec eux. Cela montre des similarités avec le système reproducteur de *Cryptoprocta ferox* (voir p. 87).

Des données récentes chez *G. grandidieri* attestent l'augmentation de volume des testicules des mâles adultes à la fin de la période sèche, de juillet à septembre, ce qui suggère également la saisonnalité de la reproduction. Cependant, des femelles ont été observées durant la même période avec des jeunes de tailles différentes, ce qui soutient notamment l'**hypothèse** selon laquelle l'activité de reproduction n'est pas saisonnière. La taille des portées de cette espèce est de un ou deux petits. Les femelles ont une paire de mamelles.

**Statut de conservation** : Inscrit sur la Liste Rouge en tant que « Espèce en danger » (85). La superficie nouvellement calculée de la bande relativement étroite de l'**habitat** où évolue *Galidictis grandidieri* a été estimée à 1 500 km$^2$ (105). Les densités sont plus élevées sur le côté-ouest du Plateau Mahafaly, le long de la falaise, puis diminuent vers l'ouest et l'est. A partir des données de piégeage fait au pied occidental du plateau, environ huit individus par km$^2$ y vivent. Ces nouvelles estimations indiquent que cette espèce a une **population** totale variant entre 3 100 et 5 000 animaux.

Une partie importante de son **domaine vital** se trouve dans une zone quasiment non **perturbée** de **bush épineux** et à l'intérieur du Parc National de Tsimanampetsotsa, récemment agrandi. Cette zone est relativement bien protégée des pressions **anthropiques**, sauf du broutage du bétail surtout au pied du plateau, et de l'exploitation locale de certaines ressources forestières (bois de construction et plantes médicinales). Ainsi, par rapport aux autres membres de la famille des Eupleridae, des programmes de conservation pour cette espèce devraient être élaborés avant qu'un problème grave dû aux pressions humaines ne survienne.

**Taxonomie** : A l'**origine**, l'espèce fut nommée *Galidictis grandidiensis*, mais le nom a ensuite été rectifié pour devenir *G. grandidieri* (150, 151). Après la description de cette espèce sur deux **spécimens** modernes, dont l'un disposait d'informations précises de collecte, des restes **subfossiles** ont été identifiés dans une grotte à environ 50 km au sud de Tsimanampetsotsa, le site de l'**holotype** (55, voir p. 17). Si les restes subfossiles avaient été étudiés avant la description de *G. grandidieri*, il aurait été nommé d'après un **taxon** « disparu ».

## Genre *MUNGOTICTIS* Pocock, 1915

*Mungotictis decemlineata* (A. Grandidier, 1867)

**Figure 68.** Illustration de *Mungotictis decemlineata*. (Dessin par Velizar Simeonovski.)

Français : mungotictis
Malgache : *boky, boky-boky*
Anglais : *narrow-striped boky*
Noms anglais anciennement utilisés :
*Malagasy narrow-striped mongoose,
narrow-striped mongoose*

**Description** : Adultes de *Mungotictis d. decemlineata* – longueur de tête-corps 264 à 294 mm, longueur de la queue 191 à 209 mm, longueur de la patte postérieure 60 à 62 mm et longueur de l'oreille 24 à 25 mm (Tableau 8). Le poids du mâle adulte varie de 475 à 625 g, celui des femelles adultes de 450 à 740 g et des juvéniles de 350 à 490 g. Pas de **dimorphisme sexuel** apparent dans les mesures externes. Les mesures d'une femelle adulte *M. d. lineata* incluent : longueur de tête-corps 335 mm, longueur de la queue 215 mm, longueur de la patte 59 mm et longueur de l'oreille 25 mm. Le museau est long et pointu, le corps cylindrique, les pattes courtes et une longue queue touffue (Figure 68) qui distingue facilement *M. decemlineata* des autres relativement petits Carnivora malgaches.

La coloration du pelage dorsal de *M. d. decemlineata* est grisâtre mélangé avec du brun clair ou du beige et est caractérisée par huit à dix rayures longitudinales fines largement espacées, allant de la nuque à la base de la queue. Le ventre et les pattes sont unicolore brun-beige clair à orange-brun clair. Les oreilles sont courtes et arrondies. La queue est gris clair, sans rayures ni anneaux. Les orteils sont palmés et les griffes sont longues. *Mungotictis d. lineata* a un dos plus sombre avec des rayures sombres et distinctes. Celles-ci commencent à être bien définies plus haut sur la nuque, juste derrière les oreilles. Le ventre est nettement plus sombre que celui de *M. d. decemlineata* et approche d'une couleur rousse.

**Habitat et répartition** : Dans les parties centrales et septentrionales de sa répartition, *Mungotictis decemlineata* évolue dans les forêts **caducifoliées** poussant sur un substrat sableux à des altitudes allant du niveau de la mer à près de 400 m. Des baobabs (*Adansonia*) sont souvent la végétation dominante. Ces zones boisées sont parfois des **habitats** relativement intacts, avec un sous-étage dense et une structure de végétation et une composition floristique homogènes. Le fleuve Tsiribihina forme la limite nord de sa répartition actuelle. Cette espèce a tendance à être nettement plus fréquente dans les grandes zones de forêt native et est rare et absente ou elle a disparu des blocs forestiers plus petits et **dégradés** (133, 149).

En 2004, un individu de *M. d. lineata* a été capturé dans la forêt caducifoliée de la rive sud du fleuve Manombo à environ 400 m au-dessus du niveau de la mer (69). Sur les rives de ce fleuve, de minces sols alluviaux soutiennent une bande d'une largeur de 25 à 50 m de **forêt galerie perturbée**, adjacente à la plaine d'inondation. Au-delà, cette végétation cède la place aux forêts caducifoliées, avec une **canopée** plus haute.

**Nourriture et mode d'alimentation** : *Mungotictis* est principalement **insectivore**. Dans une étude, 69 des 71 **fèces** contenaient des insectes (122). Au cours de la longue saison froide et sèche, il se nourrit principalement de larves d'insectes, qui sont extraites du sol ou du bois pourri en creusant. Cette espèce est également connue pour se nourrir d'une variété de **vertébrés**, y compris les reptiles, les oiseaux et les petits mammifères (tenrecidés, rongeurs indigènes et lémuriens), ainsi que d'autres **invertébrés** tels que les escargots (6, 122) et les œufs de reptiles (Figure 23).

Des analyses de fèces ont trouvé des restes de primates tels que *Microcebus murinus*, *Cheirogaleus*

*medius*, *Mirza coquereli* et *Lepilemur ruficaudatus* (Tableau 3), cette dernière espèce, pesant près de 850 g, est la plus grande et était probablement une **charogne**. Des restes du rongeur *Hypogeomys antimena* (sous-famille des Nesomyinae), qui peut peser plus de 1 kg, ont été retrouvés dans ses fèces et étaient vraisemblablement une charogne également. Il existe des rapports de chasse collective de *Mungotictis* sur des **proies** comme le microcèbe (*Microcebus*), les adultes pesant plus de 50 g. D'après des bûcherons, *Mungotictis* est réputé pour se nourrir de grands boas et de miel sauvage. Il n'existe aucune preuve que cette espèce peut notablement augmenter son poids avant le début de la saison sèche.

**Organisation sociale et reproduction** : Des études antérieures, principalement sur des *Mungotictis* en captivité, ont conclu que ces animaux n'étaient pas particulièrement sociaux, mais ont plutôt tendance à vivre en couple (Figure 69 ; 5, 6, 8). Des recherches récentes sur des animaux sauvages indiquent qu'ils sont particulièrement grégaires, avec un système social complexe présentant quelques subtilités particulièrement intéressantes (133).

Dans une étude utilisant la **télémétrie** avec des **colliers émetteurs** menée dans la forêt de Kirindy (CNFEREF) par Léon Razafimanantsoa, 26 animaux (20 adultes et six subadultes) ont été capturés et marqués dans une superficie d'environ 90 ha. Certains de ces animaux appartenaient à différents groupes et d'autres étaient

**Figure 69.** *Mungotictis d. decemlineata* a tendance à être social et peut être trouvé au cours de la journée marchant dans la forêt en paires ou en groupes un peu plus grands. Les animaux présentés ici ont été photographiés dans le camp « Deutsches Primatenzentrum » de recherche (Centre de Primatologie d'Allemagne) à Kirindy (CNFEREF). Cette espèce érige souvent sa queue touffue, qui est un moyen de communication visuelle. (Cliché par Anna V. Schnoll.)

des individus solitaires. Une grande proportion de ces animaux marqués n'a plus été observée par la suite dans cette zone d'étude, qui était occupée par deux groupes différents. Le premier groupe était composé de deux adultes femelles, un mâle adulte, une femelle subadulte et un jeune de la saison précédente, le second groupe était composé de deux femelles adultes et d'un mâle subadulte. Le **domaine vital** du premier groupe était d'environ 18 ha et celui du second groupe de 13 ha. Ces chiffres sont inférieurs aux estimations antérieures qui étaient de 20 à 25 ha (6). Les domaines vitaux des deux groupes se chevauchaient sur une zone d'environ 1,5 ha. Dans cette zone, les membres des deux groupes déposaient leur odeur de manière intensive à l'aide des **sécrétions** glandulaires et aucune interaction agressive n'a été observée entre les deux.

Basé sur cette étude, *Mungotictis* peut parcourir des distances journalières allant jusqu'à 2 200 m, la plupart étant faites pendant la matinée. Cette espèce peut souvent être observée dans des groupes de trois à cinq adultes, et selon la saison, avec de nombreux subadultes. Des groupes de plus de 10 individus ont été observés, et dans certaines zones, l'âge et le sex-ratio restent stable toute l'année. Quand le groupe se déplace à travers la forêt, la femelle dominante (**alpha**) joue le rôle de chef de groupe.

Après l'accouplement, les mâles quittent généralement le groupe des femelles pendant plusieurs mois. Des individus solitaires peuvent être observés dans la forêt, en particulier vers la fin de la saison sèche, et sont supposés être ces mâles. Pendant la période d'accouplement, les mâles étaient tolérants envers les visites d'autres mâles et ce qui leur a permis de copuler avec les femelles du groupe. Certains mâles marqués visitaient les groupes de femelles pendant et en dehors de la période d'accouplement. *Mungotictis* semble avoir un répertoire vocal limité. Après la naissance, les jeunes émettent un appel strident qui est très similaire aux appels de communication entre les adultes mâles et femelles, et peut être transcrit par « bouk-bouk ». Le nom malgache de cet animal, *boky-boky*, est certainement la forme de cette **vocalisation** onomatopéique. Cette espèce érige souvent sa queue touffue, ce qui sert sans doute pour la communication visuelle (Figure 69). *Mungotictis* a des glandes bien développées sur différentes parties de son corps qu'il utilise pour marquer de ses **sécrétions** la végétation verticale, les troncs d'arbres et le sol.

Cet animal utilise selon la saison, trois différents types d'abris pour la nuit : 1) des fourmilières partiellement effondrées et abandonnées pendant la saison sèche et froide ; 2) le creux des arbres morts tombés au sol au début de la saison des pluies et chaude et 3) des cavités dans les arbres morts ou vivants jusqu'à 10 m au-dessus du sol durant la saison des pluies et chaude. Les **terriers** sont au moins partiellement excavés, avec un tunnel d'entrée unique se terminant avec une cavité.

Ce Carnivora est connu pour partager les arbres creux avec différents lémuriens **nocturnes**, mais les différentes espèces ne sont apparemment pas en contact direct, étant donné qu'elles occupent différentes parties de la cavité (133). Les groupes se déplacent régulièrement entre les différents abris de repos, généralement à la périphérie de leur **domaine vital**, ce qui peut les aider à réduire la présence d'**ectoparasites**. *Mungotictis* est chassé par *Cryptoprocta ferox* (80).

Dans la forêt de Kirindy (CNFEREF), l'accouplement a lieu en août (133). Au petit matin, peu après le lever du soleil, le mâle arrive à l'entrée du terrier de la femelle et attend qu'elle sorte. Au début de chaque rencontre, la femelle est bruyante et agressive envers le mâle. Ces interactions antagonistes diminuent au bout d'une heure, et finalement la femelle permet au mâle de la monter. Ils copulent ensuite jusqu'à trois fois, et à chaque fois, la période de temps diminue. Par la suite, le mâle quitte le groupe pendant plusieurs mois. La femelle alpha d'un groupe donné est apparemment réceptif avant les autres femelles. La période de **gestation** est estimée entre 90 et 105 jours (6) ; toutefois, une estimation récente de 74 jours a été avancée (133).

Les femelles donnent naissance à un seul petit pesant environ 50 g, et il semble y avoir une certaine synchronie entre les femelles vivant dans le même groupe. A la naissance, les nouveau-nés ont déjà leurs oreilles et leurs yeux ouverts ; la coloration de la fourrure est légèrement plus claire que celle des adultes. Les jeunes semblent être particulièrement précoces, marchant un jour après leur naissance. Les incisives poussent à quatre jours, et ils mangent des aliments solides dans les 15 jours, bien qu'ils continuent à être allaités pendant deux mois environ. Ils sont capables de chasser activement à l'âge de trois mois.

Peu après la naissance, les jeunes sont placés dans des **crèches** communales, avec une ouverture assez petite pour que les *Mungotictis* adultes ne puissent pas y entrer. Les jeunes quittent la tanière pour se nourrir quand ils sont appelés par leurs mères, ils tètent trois fois par jour dans leur première semaine de vie. En fin d'après-midi, avant le coucher du soleil, les femelles récupèrent leurs petits respectifs à la crèche pour se rendre dans leur abri de nuit. La maturité sexuelle est apparemment atteinte à deux ans.

**Statut de conservation** : *Mungotictis decemlineata* est inscrit sur la Liste Rouge comme « Espèce vulnérable »

(85). Cependant, le résultat d'un atelier tenu en 2001 auquel des spécialistes travaillant sur les Carnivora malgaches (23) ont participé a donné à *M. d. decemlineata* le statut de « En danger » et le statut de *M. d. lineata* n'a pas pu être évalué vu l'insuffisance des informations disponibles (« Non-évalué »).

Basé sur une étude récente utilisant la technique de piégeage dans la partie centrale de la région du Menabe, la **population** locale a été estimée entre 2 000 et 3 400 adultes et celle de la région sud du Menabe (jusqu'à la rive nord du fleuve Mangoky) entre 6 400 et 8 650 adultes (149). Dans le Menabe central, la **zone d'occupation** a été estimée à 900 km$^2$ et la **zone d'occurrence** à 1 524 km$^2$. Pour la population du sud du Menabe, les chiffres sont respectivement de 1 871 km$^2$ et 8 729 km$^2$. Aucune information comparable n'est disponible sur la population de *M. d. lineata* vivant au sud du fleuve Mangoky.

Les facteurs limitant la répartition de cette espèce sont associés à la couverture forestière. Sur une série de sites d'étude, l'abondance de *M. d. decemlineata* ne corrélait pas avec des variables telles que la structure du sol, la profondeur de la litière ou l'abondance en **invertébrés** (149). Les forêts **caducifoliées** sont sous les plus graves pressions humaines de toutes les formations forestières naturelles de l'île. Il a été proposé que la construction de routes pour l'exploitation forestière ou autres formes d'exploitation augmente considérablement les menaces sur cette espèce, ainsi que la **prédation** ou le harcèlement des chiens, et la destruction des **sous-bois** de la forêt par le bétail **domestique**. De plus, dans certaines parties de l'aire de répartition de cette espèce, les gens la chasse (**braconnage**) pour la **viande de brousse** (63).

Un individu de *M. d. lineata* a été récemment capturé dans la région de la forêt de Mikea, couvrant la zone du Nord de la rivière Fiherenana et au Sud de la rivière Mangoky (69). Dans cette région, il existe plusieurs espèces d'animaux **endémiques** et localement restreints (**microendémique**), entre autres, deux espèces de petits mammifères découverts lors d'une expédition de 2003 (140). L'apparition de *M. d. lineata* dans cette forêt aide à souligner la nécessité de la protéger.

Une étude **phylogéographique** récente a été menée sur des populations de *M. d. decemlineata* de la région au nord de la rivière Mangoky juste au sud de la rivière Tsiribihina (86). Cette zone a considérablement souffert de la **déforestation**. Peu de variation **génétique** a été trouvée chez les animaux qui occupent la région du Menabe central, ainsi que chez ceux des zones qui étaient auparavant reliées par la forêt, mais ont été **fragmentées** et isolées par les activités humaines. Ces données n'ont pu être justifiées que lorsque les forêts de la région étaient connectées, une **dispersion** régulière a eu alors lieu dans toute la zone, expliquant les schémas subtils de variation génétique de cette région.

Le problème réside dans le fait que cette espèce semble vivre exclusivement dans la forêt et comme les fragments atteignent une taille critique minimale, la population locale de ce Carnivora disparait et la dispersion entre les parcelles isolées de forêt devient probablement rare. Ainsi, en se basant sur ces résultats, l'avenir à court et à moyen terme de cette espèce est menacé dû à la fragmentation et à la destruction de son **habitat**.

**Taxonomie** : L'histoire **taxonomique** de cette espèce est assez complexe (77). Deux **sous-espèces** sont actuellement reconnues : *Mungotictis d. decemlineata* de la région centrale du Menabe et *M. d. lineata* du Sud-ouest de Madagascar, au Sud du fleuve Mangoky et plus précisément dans la région du fleuve Manombo (69). Plusieurs caractéristiques concernant les mesures externes et la coloration du pelage distinguent les deux sous-espèces et ces différences pourraient expliquer leur séparation en deux espèces différentes. Des études de **génétique moléculaire** actuellement en cours devraient contribuer à résoudre ce point.

## Genre *SALANOIA* Gray, 1865

*Salanoia concolor* (I. Geoffroy Saint-Hilaire, 1837)

**Figure 70.** Illustration de *Salanoia concolor*. (Dessin par Velizar Simeonovski.)

Français : salanoia
Malgache : *salano, vontsira boko, tabiboala, fanaloka* (également utilisé pour les autres genres d'Eupleridae)
Anglais : *brown-tailed vontsira*
Noms anglais anciennement utilisés : *brown-tailed mongoose, Malagasy brown-tailed mongoose, salano*

**Description** : Longueur de tête-corps 350 à 380 mm, longueur de la queue 160 à 200 mm, longueur de la patte postérieure 66 à 70 mm, longueur de l'oreille 29 mm et poids 780 g (Tableau 8). Il a un pelage dorsal brun foncé, les poils ont des pointes plus claires qui lui donnent une apparence agouti (Figure 70). Le dessous, y compris l'intérieur des cuisses, est brun-rougeâtre allant vers le gris blanchâtre autour du menton et de la gorge. La queue est uniforme et brun foncé, particulièrement touffue, sans anneaux, et plus courte que la longueur de tête-corps. Le museau est pointu et la mâchoire est proéminente. Aucune différence sexuelle n'a été constatée vis-à vis de la coloration ou de la taille. Cette espèce peut être éventuellement confondue avec *Galidia elegans*, avec lequel elle est

**sympatrique**, mais ce dernier est nettement plus grand, en particulier la queue, et présente une série distincte d'anneaux brun-rougeâtre sur toute sa longueur.

**Habitat et répartition** : L'aire de répartition connue de *Salanoia concolor* se situe dans les forêts **sempervirentes** du Nord-est aux zones orientales du Centre de l'île à des altitudes allant du niveau de la mer à près de 1 000 m (37). Les informations précédentes ont indiqué qu'il était relativement fréquent dans la région de Mananara et de la Péninsule de Masoala. Peu de détails récents sont disponibles au sujet de sa répartition, et il reste l'un des Carnivora **autochtones** les moins connus à Madagascar. Les rapports des régions méridionales venant de la région de Beforana et ceux de l'extrême sud, dans le Parc National d'Andohahela, ou de l'extrême nord, dans le Parc National de la Montagne d'Ambre, ne sont pas considérés comme valides. Il semble être nettement plus commun dans les forêts non **perturbées**, plutôt que celles présentant quelques éléments **secondaires** (16).

**Nourriture et mode d'alimentation** : Peu d'informations sont disponibles. Dans la Réserve Spéciale de Betampona, dans une forêt **sempervirente** de basse altitude du Centre-est de Madagascar, *Salanoia concolor* a été observé se nourrissant de larves de coléoptères qu'il extrait du bois pourri avec ses griffes droites coupantes (16). Il a également été observé fouillant dans les feuilles mortes. Cette espèce est connue pour grimper dans les arbres à 5-10 m du sol, où il cherche vraisemblablement des **invertébrés** de la même manière que *Galidia*. *Salanoia* est réputé par les villageois pour se nourrir de leurs volailles. Toutefois, compte tenu de son **régime alimentaire** composé d'**arthropodes** et de la structure de ses dents qui ne lui permettrait pas de déchirer la chair de **vertébrés** relativement grands, sa capacité à s'attaquer aux volailles est discutable. Les pillages de volailles pourraient très bien être faits par *G. elegans* qui lui ressemble beaucoup.

Basé sur une étude comparative menée à Betampona, où *Salanoia* et *Galidia* vivent en **sympatrie** et les deux espèces étant majoritairement **diurnes**, un certain nombre de différences ont été notées dans le type **proie** et l'utilisation de l'**habitat** qui pourrait réduire la **compétition** entre eux (16). Certains aspects diététiques, **morphologiques** et **comportementaux** des *Salanoia* sont similaires à ceux de *Mungotictis decemlineata* des forêts **caducifoliées** occidentales du Centre, mais ces deux genres ne vivent pas en sympatrie.

**Modèles d'activité** : Des données actuelles indiquent que *Salanoia concolor* est strictement **diurne**, actif en début de matinée et avec un autre épisode d'activité dans l'après-midi (16).

**Organisation sociale et reproduction** : Peu d'information sur l'organisation sociale de cette espèce sont connues. A Betampona, il a été fréquemment observé seul ou en couples (16). Il existe des relations entre des groupes de trois individus, avec un animal du groupe plus petit, qui peu être le descendant des deux autres. Des groupes de cinq individus ont été observés. Roland Albignac (6) a remarqué que « le domaine vital de *Salanoia* semble un peu plus vaste que celui de *Galidia* », dont il cite entre 20 et 25 ha. Cet aspect doit être vérifié par des études sur le terrain.

Les nouveau-nés naissent entre novembre et janvier, et on soupçonne que les jeunes restent avec leurs parents un an environ après la naissance. Lorsqu'il cherche de la nourriture, *S. concolor* émet occasionnellement des grognements et grincements gutturaux, mais il est souvent silencieux. S'il se sent en danger, il pousse de forts grognements et en même temps, érige la fourrure de sa queue.

**Statut de conservation** : *Salanoia concolor* est inscrit sur la Liste Rouge comme « Espèce vulnérable » (85). A Betampona, près de 93% des observations de cette espèce ont été faites en forêt intacte, souvent sur les crêtes, et les autres dans des zones de **forêt secondaire** et des zones cultivées (16).

En 1876, Audebert a collecté des animaux dans la forêt de Mahambo, au nord de Toamasina, qui comprenaient *Salanoia* (70). Ce site, qui n'a plus aucune forêt naturelle aujourd'hui, est à quelques kilomètres de la Station Forestière de Tampolo, où des inventaires biologiques rapides ont eu lieu en 1997 et 2004. A deux reprises, un petit Carnivora **diurne** qui avait les caractéristiques de *S. concolor* a été observé dans la **forêt littorale** de ce site. De plus, cette espèce est bien connue des assistants de recherche locaux qui travaillent à la station. Il semble que les **populations** restantes peuvent résister à certains niveaux de **dégradation** humaine de leur **habitat**, du moins à court terme.

Des inventaires sur le terrain récents faits par Zach J. Farris en utilisant la technique extraordinaire de **piège photographique** (Figure 71, voir p. 70), ont fourni de nouvelles informations importantes sur *S. concolor*. Il s'agit notamment de ceux dans la forêt de Makira, au Nord-est, ainsi que la mesure de la densité et des périodes d'activité de cet animal auparavant méconnu.

**Figure 71.** L'emploi récent de la technique de terrain de **piège photographique** a fourni d'importantes nouvelles connaissances sur la mesure de la densité et des périodes d'activité de cette espèce auparavant mal connue. L'image de *Salanoia concolor* ici a été prise par le piège photographique et des informations associées à la photo comprennent : au coin supérieur gauche - photo prise le 19 janvier 2011 à 12:03:33, « M 1 / 3 » indique que ce fut la première des trois photos prises rapidement ; au coin supérieur droit : la température ambiante était de 77°F [= 25°C] ; au coin inférieur gauche : « PC85 Rapidfire Pro » désigne le modèle de caméra ; et au coin inférieur droit : « Reconyx » est le nom de la marque de l'appareil. (Cliché par Zach J. Farris)

*Salanoia durrelli* Durbin, Funk, Hawkins, Hills, Jenkins, Moncrieff, Ralainasolo, 2010

**Figure 72.** Illustration de *Salanoia durrelli*. (Dessin par Velizar Simeonovski.)

Français : salanoia de Durrell
Malgache : *vontsira*
Anglais : *Durrell's salanoia*

**Description** : Longueur de tête-corps 310 mm, longueur de la queue 210 mm, longueur de la patte postérieure 67 mm, longueur de l'oreille 18 mm et poids 675 g (mesures faites à partir de l'**holotype**, Tableau 8 ; 37). Cette espèce est physiquement semblable à *Salanoia concolor* sur plusieurs points, les deux ne vivent pas en **sympatrie**, et ce dernier se distingue par un pelage uniforme grisonnant olivacé brun rougeâtre (Figure 72). *Salanoia durrelli* a un pelage dorsal relativement court, olivacé ou brun rougeâtre, avec l'extrémité des poils plus clairs qui donnent une apparence agouti. Le ventre et la surface interne des membres sont roux brun parsemé de blanc. Les deux tiers proximaux de la queue sont de la même couleur que le dos et se dégradent vers la pointe en jaune brun. La queue est plus courte que la longueur de tête-corps.

**Habitat et répartition** : L'aire de répartition connue de *Salanoia durrelli* est le marais et les rivages du Lac Alaotra à environ 750 m d'altitude (37). Les trois individus capturés, dont l'un est l'**holotype**, l'ont été des marais à proximité d'Andreba, le long de la partie centrale est du lac (Figure 73). Les marais du Lac Alaotra sont composés de roseaux, de carex et d'herbes qui forment souvent des tapis de végétation flottante. Cet **habitat** est sensiblement différent des forêts **sempervirentes** de basse altitude où *S. concolor* vit. La modification humaine de la végétation naturelle à grande échelle de la région, qui est maintenant des **savanes anthropogéniques** ou des rizières, a été extensive et on présume que cette espèce est aujourd'hui limitée aux habitats des zones humides du reste du lac.

**Nourriture et mode d'alimentation** : Aucune information disponible. Basé sur l'extrapolation de l'alimentation de *Salanoia concolor* et de la structure des dents de *S. durrelli*, on

**Figure 73.** En avril 2004, des chercheurs du « Durrell Wildlife Conservation Trust » menaient une enquête sur les lémuriens dans les marais du Lac Alaotra, quand ils ont vu pour la première fois un Carnivora dans l'eau. Ils ont pu attraper l'animal, le retirer de l'eau et après quelques observations et photos, il a ensuite été libéré. Ces observations dans une zone qui a été visitée par la même équipe depuis plus de 15 ans, ont mené à la découverte et à la description en 2010 de cette espèce, *Salanoia durrelli*. (Cliché par Fidy Ralainasolo.)

présume que cette espèce se nourrit d'**invertébrés** avec des exosquelettes durs, tels que les crustacés et mollusques, ainsi que de **vertébrés** comme les amphibiens, les reptiles, les poissons et les mammifères de petite taille (37). Deux animaux ont été piégés à l'aide d'appât de poisson ou de viande, d'autres indiquent un **régime alimentaire carnivore**. Le fait qu'il nage volontairement ou non n'est pas clair. Cette espèce n'a pas des orteils palmés, caractéristiques que l'on trouve chez *Galidia elegans* qui est partiellement aquatique, bien que la plante des pattes soit relativement grande, ce qui pourrait l'aider à se déplacer dans son **habitat** marécageux.

**Modèles d'activité** : Espèce présumée **diurne**. Le premier individu de cette espèce a été observé par Fidy Ralainasolo et ses collègues en avril 2004 alors qu'il nageait dans le Lac Alaotra (37). Que ce soit une activité naturelle ou que l'animal ait été contraint à nager à cause de la présence humaine, est incertaine. Deux autres animaux, incluant l'**holotype**, ont été capturés dans des pièges placés sur des tapis de végétation herbacée flottante.

**Organisation sociale et reproduction** : Aucune information disponible.

**Statut de conservation** : *Salanoia durrelli* n'est pas encore évalué par l'UICN (85). Les marais du Lac Alaotra ont fait l'objet de nombreuses études à long terme depuis les années 1990 pour surveiller les **populations** de lémuriens, spécifiquement *Hapalemur griseus* (111). Celles-ci comprenaient notamment de nombreuses heures de canots dans les marais et de nombreux contacts avec des guides locaux qui auraient vraisemblablement été familiers avec cet animal.

La première preuve de l'existence de *Salanoia* dans ces marais était en 2004 (37). Cela pourrait indiquer que la densité de la population locale de cet Eupleridae est faible. Une autre preuve de sa rareté est la capture de deux individus seulement lors de 336 nuits de piégeage durant la période du 6 au 22 avril 2005. Etant donné que les deux individus ont été piégés our le tapis de végétation flottante

dans les marais, cela indiquerait que ce Carnivora vit dans cet **habitat**, au moins partiellement. La superficie des marais du Lac Alaotra a été considérablement réduite au cours des dernières décennies, avec de grandes zones utilisées aujourd'hui comme des rizières (37, 117). Ainsi, la végétation naturelle où cette espèce évolue est considérée comme menacée et l'avenir à moyen terme de *S. durrelli* est incertain.

**Taxonomie** : *Salanoia durrelli* a été nommé à partir d'un **spécimen** capturé dans les marais du Lac Alaotra (37). Pour sa description, la différence entre les caractères **morphologiques** de *S. concolor*, qui vit dans la forêt, et ceux de cette espèce, a été utilisée. Toutefois, des recherches de **génétique moléculaire** ont indiqué que ces deux espèces de *Salanoia* n'étaient pas très différentes l'une de l'autre.

A cause de la transformation à grande échelle de la région environnante du Lac Alaotra, la plus proche forêt existante est à au moins 15 km de la bordure orientale du lac. Avant que ce changement ne s'opère, les **habitats** des marais et la forêt se trouvaient très probablement à proximité. Basé sur les données actuelles, une possibilité qui ne peut pas être exclue ce que *S. durrelli* est tout simplement une **population** isolée de *S. concolor*, qui a modifié ses caractères associés à la vie dans les marais, et ne doit pas être considérée comme une espèce distincte. En outre, des études génétiques plus détaillées devraient aider à résoudre ce point.

# PARTIE 3. GLOSSAIRE[1]

**A**

**Adaptation** : état d'une espèce qui la rend plus favorable à la reproduction ou à l'existence sous les conditions de son environnement.

**ADN** : acide désoxyribonucléique qui constitue la molécule support de l'information génétique héréditaire.

**Alpha** : l'individu dominant d'un groupe d'animaux.

**Anatomique** : relatif à la structure du corps.

**Ancêtre** : tout organisme, population ou espèce à partir duquel d'autres organismes, populations ou espèces sont nés par reproduction.

**Ancien Monde** : dénomination d'un ensemble de régions, composé de l'Europe, de l'Asie et de l'Afrique.

**Animal de compagnie** : des animaux domestiques (chien, chat, cheval, etc.) c'est-à-dire des animaux sélectionnés, travaillés par l'homme, dont les croisements ne sont pas stériles.

**Anthropogénique (anthropique)** : effets, processus ou matériels générés par les activités de l'homme.

**Aquifère** : une couche de terrain ou une roche, suffisamment poreuse et perméable, pour contenir une nappe d'eau souterraine.

**Arboricole** : qui vit sur les arbres.

**Arbre phylogénétique** : figure schématique qui montre les relations

de parenté entre des taxons ou clades supposés avoir un ancêtre commun.

**Archéologique** : relatif à l'archéologie ou l'étude scientifique des civilisations anciennes reposant sur la collecte et l'analyse de leurs traces matérielles.

**Arthropode** : animal segmenté, pourvu d'un exosquelette et d'appendices articulés, appartenant au phylum des Arthropoda. Les insectes, les araignées, les scorpions, les mille-pattes, les écrevisses, les crabes, les trilobites et de nombreux autres groupes sont tous des arthropodes.

**Autochtone** : espèce que l'on trouve naturellement dans un endroit.

**B**

**Baculum** : un os présent dans le pénis de la plupart des mammifères, aussi appelé os pénien (pluriel : bacula).

**Bioacoustique** : étude des sons que produisent les animaux.

**Biodiversité** : qui se réfère à la variété ou à la variabilité entre les organismes vivants et les complexes écologiques dans lesquels se trouvent ces organismes.

**Biogéographie** : science qui étudie la distribution des espèces animales et végétales sur notre planète et l'évolution de cette distribution.

**Biomasse** : masse totale d'organismes vivants dans un biotope donné à un moment donné.

**Biome** : vaste entité biogéographique définie par ses caractéristiques

---

[1] Dans la plupart des cas, les définitions sont tirées ou modifiées à partir de www. wikipedia.org ou d'autres sources de l'internet.

climatiques et ses populations végétales et animales.

**Biote** : ensemble des êtres vivants (faune et flore) d'une région ou d'une période géologique.

**Braconnage** : chasse illégale.

**Brassage des gènes** : correspond aux recombinaisons génétiques au sein d'une population entière et sur plusieurs générations. En anglais « gene flow ».

**Bush épineux** : qui qualifie l'habitat du domaine du Sud constitué généralement par des broussailles caducifoliées et des fourrés épineux.

## C

**Caducifoliée (caduque)** : forêts caducifoliées constituées des plantes qui perdent la majorité de leurs feuilles au cours de la saison sèche.

**Canopée** : couche supérieure de la végétation par rapport au niveau du sol, généralement celle des branches d'arbres et des épiphytes. Dans les forêts tropicales, la canopée peut se situer à plus de 30 m au-dessus du sol.

**Capacité porteuse** : taille maximale de la population d'un organisme qu'un milieu donné peut supporter.

**Carnassière** : dents pour couper et déchirer la viande.

**Carnivora (carnivoran)** : ordre de la classe des mammifères qui possèdent, en général, de grandes dents pointues, des mâchoires puissantes et qui chassent d'autres animaux.

**Carnivore** : organisme qui mange de la viande.

**Cathéméral** : animal qui a une activité aussi bien diurne que nocturne.

**Charognard** : animal se nourrissant de cadavres.

**Charogne** : corps ou carcasse d'un animal mort récemment dans un état de décomposition.

**CITES** : « Convention on International Trade of Endangered Species » ou « Convention sur le commerce international des espèces de faune et de flore sauvages menacées d'extinction », qui est un accord intergouvernemental. Cette convention a été établie pour réglementer et suivre efficacement le commerce international des espèces sauvages.

**Clade** : groupe d'espèces qui partagent des caractéristiques héritées d'un ancêtre commun.

**Classification** : acte d'attribuer des classes ou catégories à des éléments de même type.

**Collier émetteur** : est un collier utilisé à des fins scientifiques afin de localiser ou de pister un animal sauvage. Les informations recueillies par ce type de matériel permettent par exemple de connaître l'étendue d'un territoire mais également de repérer facilement l'animal afin de s'en approcher et de l'observer.

**Colonisation** : occupation d'une région donnée par une ou plusieurs espèces.

**Coloniser** : établir une population ou colonie. Dans le contexte de Madagascar, la colonisation originale par les Carnivora est associée avec des traversées du canal de Mozambique ou de l'océan Indien.

**Communauté** : interaction d'organismes partageant un environnement commun.

**Compétition** : rivalité entre des espèces vivantes pour l'accès aux ressources du milieu.

**Comportement** : désigne les actions d'un être vivant, comme l'ensemble des réactions (mouvements, modifications physiologiques, expression verbale, etc.) d'un individu dans une situation donnée.

**Convergent** : qui se dit des similarités retrouvées indépendamment chez deux ou plusieurs organismes qui n'ont pas un ancêtre proche.

**Copulation** : accouplement entre un mâle et une femelle, appelée aussi rapport sexuel.

**Coussinet** : partie élastique, convexe et sans poils du bout de la patte des mammifères.

**Crèche** : regroupement de jeunes animaux.

**Crépusculaire** : qui désigne un organisme qui est actif le soir et au petit matin.

**Cycle annuel** : ensemble de phases biologiques d'un organisme au cours d'une année.

**D**

**Déforestation** : phénomène de régression des surfaces couvertes de forêt, lié aux actions des êtres humaines.

**Dégradation** : détérioration du couvert végétal dans une forêt déterminée. Les causes peuvent être d'origine naturelle, comme les cyclones, ou d'origine humaine comme la déforestation, les feux de brousse ou la surexploitation des champs agricoles.

**Dépendant** : qui dépend de quelque chose, comme certains facteurs écologiques.

**Dessiccation** : action de dessécher, souvent associée au changement climatique.

**Digitigrade** : animal marchant et reposant sur ses doigts ou ses orteils.

**Dimorphisme sexuel** : cas pour une espèce lorsque le mâle et la femelle ont un aspect différent (forme, taille, couleur).

**Dispersion** : dissémination des individus d'une espèce, souvent à la suite d'un évènement majeur de reproduction. Les organismes peuvent se disperser comme les graines, les œufs, les larves ou en tant qu'adultes.

**Diurne** : qui se dit d'un organisme actif pendant le jour.

**Divergence** : évolution différente entre deux populations d'une même espèce.

**Diversification** : action de diversifier, dans le contexte des espèces.

**Diversité** : terme utilisé pour désigner le nombre de taxa donnés.

**Domaine vital** : zone occupée par un animal pour ses activités normales.

**Domestique** : qui se rapporte à un animal faisant l'objet d'une pression de sélection continue et constante, normalement dans le contexte d'élevage en captivité, c'est-à-dire qui a fait l'objet d'une domestication.

# E

**Ecologie (écologique)** : science des relations des organismes avec le monde environnant.

**Ecosystème** : tous les organismes trouvés dans une région particulière et l'environnement dans lequel ils vivent. Les éléments d'un écosystème interagissent entre eux d'une certaine façon, et de ce fait ils dépendent les uns des autres directement ou indirectement.

**Ecotone** : zone de transition située entre deux différentes communautés végétales adjacentes.

**Ectoparasites** : parasites externes vivant sur la surface corporelle d'un être vivant.

**Elevage sélectif** : technique de la génétique des populations visant à l'amélioration de la performance des animaux d'élevage.

**Endémique** : organisme natif d'une région particulière et inconnue nulle part ailleurs.

**Endoparasites** : parasite habitant à l'intérieur de son hôte, se nourrissant de son fluide interne.

**Entrepôt** : lieu de dépôt des marchandises.

**Epidémiologie** : étude des facteurs influant sur la santé et les maladies des populations humaines.

**Estivation** : engourdissement de certains animaux pendant la période sèche et/ou froide.

**Ethno-pharmacopée** : recueil des formules pharmaceutiques à partir de la connaissance culturelle.

**Evolution** : déroulement des évènements impliqués dans le développement évolutif d'une espèce ou d'un groupe taxonomique d'organismes.

**Exotiques (introduite)** : qui se dit d'une espèce non originaire d'une région.

**Extinction** : disparition totale d'une espèce.

**Extirpation** : disparition locale au niveau d'un site ou région alors que le taxon en question est toujours présent ailleurs.

# F

**Fèces** : déjections.

**Forêt galerie** : bande de forêt le long des cours d'eau et qui a une haute canopée et est floristiquement différente de la forêt adjacente.

**Forêt littorale** : forêt se développant sur une rive sablonneuse en dessus de la ligne des marées hautes et/ou en dessous de cette ligne, et elle est ainsi sous l'influence des marées.

**Forêt secondaire** : forêt qui a repoussé après avoir été détruite (par exemple par l'agriculture sur brûlis) ou exploitée par l'homme.

**Forêt vierge (forêt primaire)** : forêt intacte qui n'a jamais été ni exploitée, ni fragmentée, ni directement ou manifestement influencée par l'homme.

**Formule dentaire** : indiquant le nombre, la répartition et les types de dents d'une espèce.

**Fossile** : reste minéralisé d'un animal ou d'une plante ayant existé dans un temps géologique passé.

**Fragmentation** : destruction ou altération des habitats par l'Homme, qui sont des causes majeures de perturbation d'espèces et de régression de la biodiversité.

**Fréquence relative** : rapport entre la taille de la classe étudiée et la taille de l'échantillon.

## G

**Généraliste** : qui se dit d'un animal qui n'est pas spécialisé vis-vis du régime alimentaire ou des autres aspects de leur histoire naturelle.

**Génétique** : discipline de la biologie qui implique la science de l'hérédité et les variations des organismes vivants. Avec des termes plus simples, la science de l'hérédité.

**Génétique moléculaire** : recherche qui concerne la structure et l'activité d'un matériel génétique au niveau moléculaire.

**Gestation (grossesse)** : état propre à la femelle chez les mammifères qui porte son ou ses petits dans son utérus.

**Gibier (viande de brousse)** : animaux sauvages que l'on chasse pour les consommer ou vendre la viande.

**Gondwana** : supercontinent qui a existé du Cambrien jusqu'au Jurassique, composé essentiellement de l'Amérique du Sud, de l'Afrique, de Madagascar, de l'Inde, de l'Antarctique et de l'Australie.

**GPS(« Global Positioning System »)** : appareil servant à déterminer les coordonnées géographiques d'un lieu, par la transmission des données par satellite.

**Grimpeur** : qui se rapporte à un animal apte à grimper sur les arbres.

**Groupe sœur (« sister group »)** : groupe monophylétique plus étroitement lié au groupe en question, par rapport à d'autres groupes.

## H

**Habitat** : endroit et conditions dans lesquels vit un organisme.

**Hibernation** : état dans lequel se trouve un organisme ou un groupe d'organismes qui ralentit son métabolisme durant une période donnée.

**Hiérarchie** : subordination des rangs.

**Histoire évolutive** : à l'échelle des temps géologiques, l'évolution conduit à des changements morphologiques, anatomiques, physiologiques et comportementaux des espèces. L'histoire des espèces peut ainsi être écrite et se représente sous la forme d'un arbre phylogénétique.

**Histoire naturelle** : sciences naturelles qui concernent les observations et les études dans la nature sur les animaux, les plantes et les minéraux.

**Holotype** : spécimen de référence rattaché à un nom scientifique, à partir duquel un taxon ou une espèce a été décrite.

**Horloge moléculaire** : théorie selon laquelle une séquence génétique évolue à une vitesse à peu près constante au cours du temps, ce qui a pour conséquence que la distance séparant des animaux différents devrait permettre de dater l'époque de leur divergence.

**« Hot-spots »** : aire géographique représentative de la richesse en biodiversité.

**Hybridation (hybride)** : mélange de deux formes ou espèces distinctes.

**Hypothèse** : supposition à partir de laquelle on construit un raisonnement.

## I

**Insectivore** : organisme qui consomme principalement des insectes.

**Inter-spécifique** : désigne tout ce qui se rapporte aux relations entre les différentes espèces.

**Intra-spécifique** : désigne tout ce qui se rapporte aux relations entre individus d'une même espèce.

**Introduit** : organisme non originaire d'un endroit donné mais ramené d'un autre, exotique.

**Invertébré** : animal sans colonne vertébrale, comme les insectes.

## K

**Karst (karstique)** : paysage formé par des roches calcaires. Les paysages karstiques sont caractérisés par des formes de corrosion de surface, mais aussi par le développement de cavités et de grottes causées par la circulation des eaux souterraines.

## L

**Lignée** : branche, descendance ou filiation.

**Lisière** : zone de transition entre un milieu forestier et un milieu ouvert.

## M

**Mammalogiste** : chercheur qui étudie les mammifères.

**Mammifère** : classe d'animaux vertébrés à sang chaud, à température constante, qui allaitent leurs petits et ont une pilosité plus ou moins développée.

**Marronnage** : phénomène par lequel des animaux domestiques relâchés ou échappés forment des populations vivant partiellement ou totalement à l'état sauvage.

**Masculisation** : développement anormal des caractéristiques sexuelles mâles chez une femelle.

**Microendémique** : organisme natif d'une région particulière et avec une répartition géographique très limitée.

**Minéralisation** : transformation d'une substance organique (os) en substance minérale (fossile).

**Monophylétique (monophylie)** : terme appliqué à un groupe d'organismes composés du plus récent ancêtre commun de tous les membres et des descendants. Un groupe monophylétique est également appelé un clade.

**Morphologie (morphologique)** : aspect et structure qui concernent généralement les formes, les éléments et l'arrangement des caractéristiques des organismes vivants et fossiles.

## N

**Niche écologique** : place et spécialisation d'une espèce à l'intérieur d'un peuplement ou ensemble des conditions d'existence d'une espèce animale (habitat, nourriture, comportement de reproduction, relation avec les autres espèces).

**Nocturne** : se dit d'un organisme actif pendant la nuit.

**Nouveau Monde** : dénomination de l'Amérique (du Nord, Centrale et du Sud).

**O**

**Olfaction (olfactif)** : sens par lequel sont perçues les odeurs ; elle permet de déterminer la présence de certaines molécules présentes dans l'air (syn. de odorat).

**Omnivore** : qui se nourrit d'aliments variés d'origine animale ou végétale.

**Origine** : principe d'où une chose provient.

**P**

**Paléontologique** : qui a rapport à la paléontologie.

**Paléontologiste (paléontologue)** : spécialiste de la paléontologie ou de la science des fossiles.

**Paraphylétique** : terme appliqué à un groupe d'organismes composés par le plus récent parent commun à tous les membres, et une partie mais non la totalité des descendants de ce plus récent parent commun.

**Parasite** : animal ou plante qui vit ou croît sur un autre corps organisé aux dépens de la substance de celui-ci.

**Patrimoine naturel** : monuments naturels constitués par des formations physiques et biologiques ou par des groupes de telles formations qui ont une valeur nationale ou universelle exceptionnelle du point de vue esthétique ou scientifique.

**Perturbation** : événement ou série d'évènements qui bouleversent la structure d'un écosystème, d'une communauté ou d'une population et qui altèrent l'environnement physique.

**Phénotypique (phénotype)** : qui se dit d'un état d'un caractère observable (anatomique ou morphologique) chez un organisme vivant.

**Phylogénétique** : étude de la relation évolutive au sein de différents groupes d'organismes, comme les espèces ou les populations.

**Phylogénie** : relations au sein des organismes, particulièrement les aspects de branchements des lignées induits par une véritable histoire évolutive.

**Phylogéographique** : qui se rapporte à l'étude des processus historiques qui peuvent être responsables de la distribution géographique des individus contemporains. Cette étude est basée sur l'information génétique.

**Physiologie** : rôle, fonctionnement et organisation mécanique, physique et biochimique des organismes vivants et de leurs composants tels que les organes, tissus, etc. et étude des interactions entre un organisme vivant et son environnement.

**Piège photographique** : dispositif permettant de faire des photographies d'êtres vivants sans intervention humaine.

**Plantigrade** : façon de marcher en posant toute la plante et le métatarse du pied sur le sol.

**Population** : organismes appartenant à la même espèce et trouvés dans un endroit particulier à un moment donné.

**Précipitation** : formes variées sous lesquelles l'eau contenue dans l'atmosphère tombe à la surface du globe (pluie, neige, grêle).

**Prédateur (prédation)** : organisme vivant qui met à mort des proies pour s'en nourrir ou pour alimenter sa progéniture.

**Proie** : organisme chassé et mangé par un prédateur.

## Q

**Quadrupède** : espèces d'animaux, particulièrement chez les mammifères, qui marchent à quatre pattes.

## R

**Radiation adaptative** : désigne les divergences adaptatives que l'on observe à l'intérieur d'un même groupe monophylétique d'êtres vivants en fonction du type de niche écologique qu'ils occupent.

**Radiocarbone** : méthode de datation absolue la plus couramment utilisée en archéologie et en paléontologie d'Holocène. Cette méthode repose donc sur le cycle de vie d'un des isotopes du carbone 14 ou $C^{14}$.

**Rapace** : oiseau qui chasse d'autres animaux.

**Régénération** : capacité d'un milieu forestier à se reconstituer par des processus naturels, comme la dispersion des graines par les oiseaux.

**Régime alimentaire** : aliments consommés par un organisme.

**Rétractile (rétractable)** : faculté de retirer ou de rentrer les griffes dans les pattes. Certains mammifères portent des griffes semi-rétractiles, c'est-à-dire

elles ne rentrent pas totalement dans les pattes.

**Rétrocroisement** : ou croisement en retour, est le croisement d'un hybride avec l'un de ses parents ou avec un individu similaire sur le plan génétique à l'un de ses parents. En anglais « back-cross ».

## S

**Savane** : une formation végétale composée de plantes herbacées vivaces de la famille des Poaceae (Graminées). Elle est plus ou moins parsemée d'arbres ou d'arbustes. A Madagascar la plupart des savanes ne sont pas de formation anthropique.

**Sécrétions** : production d'une substance spécifique par un tissu ou une glande qui la déverse à l'extérieur du corps. Des exemples comprennent des hormones, du musc et du lait maternel.

**Sélection naturelle** : survivance des espèces animales les mieux adaptées qui parviennent à survivre et à proliférer et les caractères qui font la force d'une espèce étant transmissibles par l'héritage génétique.

**Sempervirente (humide)** : formation végétale dont le feuillage demeure présent et vert tout au long de l'année.

**Sous-bois** : espace sous les arbres d'une forêt.

**Sous-cutanée** : situé sous la peau.

**Sous-espèce** : unité taxonomique d'un niveau inférieur à l'espèce.

**Spécialiste** : qui se rapporte à un organisme qui adopte un style de vie spécifique sous un ensemble de conditions particulières.

**Spéciation** : processus évolutif par lequel une nouvelle espèce biologique apparaît.

**Spéciation naissante** : premières étapes d'un processus d'évolution.

**Spécimen** : individu, normalement un échantillon muséologique, représentatif de son espèce.

**Stratigraphique** : qui a rapport à la stratigraphie, qui est une discipline des sciences de la Terre étudiant la succession des différentes couches géologiques ou strates.

**Subfossile** : restes osseux encore non minéralisés comme un vrai fossile, formés dans un passé géologique récent.

**Subsistance** : action ou fait de se maintenir à un niveau minimum.

**Sylvicole** : qui habite les forêts.

**Sympatrique (sympatrie)** : qui qualifie deux ou plusieurs organismes qui coexistent dans un même endroit sans s'hybrider.

**Systématicien** : spécialiste de la systématique et de la classification, appelés aussi taxinomiste.

**Systématique** : science qui étudie la classification des organismes vivants ou morts.

**T**

**Taxon** : unité taxonomique ou catégorie d'organismes : sous-espèce, espèce, genre, etc. (pluriel : taxa ou taxons).

**Taxonomie (taxonomique)** : science ayant pour objet la désignation et la classification des organismes.

**Tectonique** : étude des structures géologiques d'une grande échelle, telles les mouvements des plaques et des mécanismes qui en sont responsables.

**Télémétrie (radiopistage)** : systèmes de suivi ou de repérage à distance d'un animal équipé d'un émetteur radio.

**Temporelle** : qui se déroule dans le temps.

**Temps géologique** : périodes pendant lesquelles sont survenus les différents évènements de l'histoire de la Terre.

**Tératologique** : qui relève de la tératologie, qui est une étude du développement des caractères anormaux ou anomalies chez les êtres vivants, souvent associées à des particularités extérieures qui sont monstrueuses.

**Terrestre** : qui appartient à la terre, comme les animaux terrestres.

**Terrier** : gîte ou refuge des mammifères qui est généralement de trou creusé dans la terre.

**Territoire** : espace que s'approprie un individu, un couple ou un petit groupe d'une espèce donnée afin de s'assurer l'exclusivité d'usage des ressources locales disponibles.

**V**

**Vermine (nuisible)** : organisme dont l'activité est considérée comme négative pour l'homme ou pour ses activités.

**Vernaculaire** : qui qualifie d'un nom commun propre à une région ou à un groupe ethnique.

**Vertébré** : animaux possédant surtout un squelette osseux ou cartilagineux interne, qui comporte en particulier une colonne vertébrale composée de vertèbres.

**Vétérinaire** : qui a rapport à la santé des animaux.

**Viande de brousse (gibier)** : animaux sauvages que l'on chasse pour les consommer ou vendre la viande.

**Vicariantes** : qui se dit des taxons étroitement apparentés qui existent chacun dans une zone géographique séparée. Ils sont supposés provenir d'une seule population et qui sont ensuite dispersés à cause d'événements géologiques.

**Vocalisation** : sons produits qui sortent de la bouche ou des narines.

# Z

**Zone d'occupation** : superficie occupée par un taxon au sein de la « zone d'occurrence ».

**Zone d'occurrence** : superficie délimitée par la ligne imaginaire continue pouvant renfermer tous les sites connus pour un taxon.

# BIBLIOGRAPHIE

1. **Albignac, R. 1969.** Notes éthologiques sur quelques Carnivores malgaches : Le *Galidia elegans* I. Geoffroy. *La Terre et la Vie*, 23: 202-215.

2. **Albignac, R. 1970.** Notes éthologiques sur quelques carnivores malgaches : Le *Cryptoprocta ferox* (Bennett). *La Terre et la Vie*, 24: 395-402.

3. **Albignac, R. 1971.** Notes éthologiques sur quelques carnivores malgaches : Le *Fossa fossa* (Schreber). *Revue d'Ecologie Appliquée*, 24: 383-394.

4. **Albignac, R. 1971.** Une nouvelle sous-espèce de *Galidia elegans* : *G. elegans occidentalis* (*Viverridae* de Madagascar). Mise au point de la repartition géographique de l'espèce. *Mammalia*, 35: 307-310.

5. **Albignac, R. 1971.** Notes éthologiques sur quelques Carnivores malgaches : Le *Mungotictis lineata* Pocock. *La Terre et la Vie*, 25: 328-343.

6. **Albignac, R. 1973.** *Mammifères Carnivores.* Faune de *Madagascar* 36. ORSTOM/ CNRS, Paris.

7. **Albignac, R. 1974.** Observations éco-éthologiques sur le genre *Eupleres*, Viverridae de Madagascar. *La Terre et la Vie*, 28: 321-351.

8. **Albignac, R. 1976.** L'écologie de *Mungotictis decemlineata* dans les forêts décidues de l'Ouest de Madagascar. *La Terre et la Vie*, 30: 347-376.

9. **Albignac, R. 1984.** The carnivores. In *Key environments: Madagascar*, eds. A. Jolly, P. Oberlé & R. Albignac, pp. 167-181. Pergamon Press, Oxford.

10. **Andriatsimietry, R., Goodman, S. M., Razafimahatratra, E., Jeglinski, J. W. E., Marquard, M. & Ganzhorn, J. U. 2009.** Seasonal variation in the diet of *Galidictis grandidieri* Wozencraft, 1986 (Carnivora: Eupleridae) in a sub-arid zone of extreme south-western Madagascar. *Journal of Zoology*, 279: 410-415.

11. **Barcala, O. 2009.** Invasive stray and feral dogs limit fosa (*Cryptoprocta ferox*) populations in Ankarafantsika National Park, Madagascar. Masters thesis, Duke University, Durham.

12. **Bennett, C. E., Pastorini, J., Dollar, L. & Hahn, W. J. 2009.** Phylogeography of the Malagasy ring-tailed mongoose, *Galidia elegans*, from mtDNA sequence analysis. *Mitochondrial DNA*, 20: 7-14.

13. **Blancou, J.-M. 1968.** Note clinique : Cas de charbon bactéridien chez les carnivores sauvages de Madagascar. *Revue d'élevage et de médecine vétérinaire des pays tropicaux*, 21: 339-340.

14. **Blench, R. & Walsh, M. 2009.** Faunal names in Malagasy: Their etymologies and implications for the prehistory of the East

African coast. Unpublished manuscript, downloaded 9 novembre 2011, http://www.rogerblench.info/Language%20data/Austronesian/Malagasy/Malagasy%20wild%20animal%20names.pdf.

15. **Britt, A. 1999.** Observations on two sympatric, diurnal herpestids in the Betampona NR, eastern Madagascar. *Small Carnivore Conservation*, 20: 14.

16. **Britt, A. & Virkaitis, V. 2003.** Brown-tailed Mongoose *Salanoia concolor* in the Betampona Reserve, eastern Madagascar: Photographs and an ecological comparison with Ring-tailed Mongoose *Galidia elegans*. *Small Carnivore Conservation*, 28: 1-3.

17. **Brockman, D., Godfrey, L., Dollar, L. & Ratsirarson, J. 2008.** Evidence of invasive *Felis silvestris* predation on *Propithecus verreauxi* at Beza Mahafaly Special Reserve, Madagascar. *International Journal of Primatology*, 29: 135-152.

18. **Burney, D. A. 1993.** Late Holocene environmental changes in arid southwestern Madagascar. *Quaternary Research*, 40: 98-106.

19. **Burney, D. A., Burney, L. P., Godfrey, L. R., Jungers, W. L., Goodman, S. M., Wright, H. T. & Jull, A. J. T. 2004.** A chronology for late Prehistoric Madagascar. *Journal of Human Evolution*, 47: 25-63.

20. **Burney, D. A., James, H. F., Grady, F. V., Rafamantanantsoa, J.-G., Ramilisonina, Wright,** H. T. & Cowart, J. B. 1997. Environmental change, extinction, and human activity: Evidence from caves in NW Madagascar. *Journal of Biogeography*, 24: 755-767.

21. **Burney, D. A., Vasey, N., Godfrey, L. R., Ramilisonina, Jungers, W. L., Ramarolahy, M. & Raharivony, L. 2008.** New findings at Andrahomana Cave, southeastern Madagascar. *Journal of Cave and Karst Studies*, 70: 13-24.

22. **Clutton-Brock, J. 1995.** Origins of the dog: Domestication and early history. In *The domestic dog: Its evolution, behaviour and interactions with people*, ed. J. Serpell, pp. 7-20. Cambridge University Press, New York.

23. **Conservation Breeding Specialist Group (SSC/IUCN). 2002.** Evaluation et plans de gestion pour la conservation (CAMP) de la faune de Madagascar. CBSG, Apple Valley Minnesota.

24. **Decary, R. 1950.** *La faune malgache, son rôle dans les croyances et les usages indigènes*. Payot, Paris.

25. **Deppe, A. M., Randriamiarisoa, M., Kasprak, A. H. & Wright, P. C. 2008.** Predation on the brown mouse lemur (*Microcebus rufus*) by a diurnal carnivore, the ring-tailed mongoose (*Galidia elegans*). *Lemur News*, 13: 17-18.

26. **Dewar, R. E. & Wright, H. T. 1993.** The culture history of Madagascar. *Journal of World Prehistory*, 7: 417-466.

27. **de Wit, M. 2003.** Madagascar: Heads it's a continent, tail it's an island. *Annual Review of Earth Planetary Science*, 31: 213-248.

28. **Dolch, R. 2011.** Species composition and relative sighting frequency of carnivores in the Analamazaotra rainforest, eastern Madagascar. *Small Carnivore Conservation*, 44: 44-47.

29. **Dollar, L. 1999.** Preliminary report on the status, activity cycle, and ranging of *Cryptoprocta ferox* in the Malagasy rainforest, implications for conservation. *Small Carnivore Conservation*, 20: 7-10.

30. **Dollar, L. 1999.** Notes on *Eupleres goudotii* in the rainforest of southeastern Madagascar. *Small Carnivore Conservation*, 20: 30-31.

31. **Dollar, L. 2000.** Assessing IUCN classifications of poorly-known species: Madagascar's carnivores as a case study. *Small Carnivore Conservation*, 22: 17-20.

32. **Dollar, L. J. 2006.** Morphometrics, diet, and conservation of *Cryptoprocta ferox*. Ph.D. thesis, Duke University, Durham.

33. **Dollar, L. J., Ganzhorn, J. U. & Goodman, S. M. 2006.** Primates and other prey in the seasonally variable diet of *Cryptoprocta ferox* in the dry deciduous forest of western Madagascar. In *Primate anti-predator strategies*, eds. S. L. Gursky & K. A. I. Nekaris, pp. 63-76. Springer Press, New York.

34. **Driscoll, C. A., Macdonald, D. W. & O'Brien, S. J. 2009.** From wild animals to domestic pets, an evolutionary view of domestication. *Proceedings of the National Academy of Sciences, USA,* 106 (supplement): 9971-9978.

35. **Duckworth, J. W. & Rakotondraparany, F. 1990.** The mammals of Marojejy. In *A wildlife survey of the Marojejy Nature Reserve,* Madagascar, eds. R. Safford & W. Duckworth, pp. 54-60. International Council for Bird Preservation, Study Report 40.

36. **Dunham, A. E. 1998.** Notes on the behavior of the Ring-tailed mongoose, *Galidia elegans*, at Ranomafana National Park, Madagascar. *Small Carnivore Conservation*, 19: 21-24.

37. **Durbin, J., Funk, S. M., Hawkins, F., Hills, D. M., Jenkins, P. D., Moncrieff, C. B. & Ralainasolo, F. B. 2010.** Investigations into the status of a new taxon of *Salanoia* (Mammalia: Carnivora: Eupleridae) from the marshes of Lac Alaotra, Madagascar. *Systematics and Biodiversity,* 8: 341-355.

38. **Fichtel, C. 2009.** Costs of alarm calling: Lemur alarm calls attract fossas. *Lemur News* 14: 53-55.

39. **Fichtel, C. & Kappeler, P. M. 2002.** Anti-predator behavior of group-living Malagasy primates: Mixed evidence for a referential alarm call system. *Behavioral Ecology and Sociobiology*, 51: 262-275.

40. **Fogle, B. 2006.** *Dogs: Eyewitness companions.* Dorling Kindersley, London.

41. **Flacourt, E. de. 1658** [reprinted in 1995]. *Histoire de la Grande Isle Madagascar.* Edition présentée et annotée par Claude Allibert. INALCO-Karthala, Paris.

42. **Flynn, J. J., Finarelli, J. A. & Spaulding, M. 2010.** Phylogeny of the Carnivora and Carnivoramorpha, and the use of the fossil record to enhance understanding of evolutionary transformations. In *Carnivoran evolution: New views on phylogeny, form, and function*, eds. A. Goswami & A. Friscia, pp. 25-63. Cambridge University Press, Cambridge.

43. **Garcia, G. G. & Goodman, S. M. 2003.** Hunting of protected animals in the Parc National d'Ankarafantsika, north-western Madagascar. *Oryx*, 37: 115-118.

44. **Gaubert, P., Wozencraft, W. C., Cordeiro-Estrela, P. & Veron, G. 2005.** Mosaics of convergences and noise in morphological phylogenies: What's in a viverrid-like carnivoran? *Systematic Biology*, 54: 865-894.

45. **Gautier, L. & Goodman, S. M. 2003.** Introduction to the flora of Madagascar. In *The natural history of Madagascar*, eds. S. M. Goodman & J. P. Benstead, pp. 229-250. The University of Chicago Press, Chicago.

46. **Gerber, B. D., Karpanty, S. M., Crawford, C., Kotschwar, M. & Randrianantenaina, J. 2010.** An assessment of carnivore relative abundance and density in the eastern rainforests of Madagascar using remotely-triggered camera traps. *Oryx*, 44: 219-222.

47. **Gerber, B. D., Karpanty, S. M. & Kelly, M. J. 2012.** Evaluating the potential biases in carnivore capture–recapture studies associated with the use of lure and varying density estimation techniques using photographic-sampling data of the Malagasy civet. *Population Ecology*, 54: 43-54.

48. **Gerber, B. D., Karpanty, S. M. & Randrianantenaina, J. In press.** Activity patterns of carnivores in the rainforests of Madagascar: implications for species coexistence. *Journal of Mammalogy.*

49. **Gerber, B. D., Karpanty, S. M. & Randrianantenaina, J. In press.** The impact of forest logging and fragmentation on carnivore species composition, density, and occupancy in Madagascar's rainforests. *Oryx.*

50. **Golden, C. D. 2005.** Eaten to endangerment: Mammal hunting and the bushmeat trade in Madagascar's Makira Forest. Bachelor of Arts thesis, Harvard College, Cambridge, Massachusetts.

51. **Golden, C. D. 2009.** Bushmeat hunting and use in the Makira Forest, north-eastern Madagascar: A conservation and livelihoods issue. *Oryx*, 43: 386-392.

52. **Golden, C. D. 2011.** *The importance of wildlife harvest to human health and livelihoods*

*in northeastern Madagascar.* Ph.D. thesis, The University of California, Berkeley.

53. **Golden, C. D., Fernald, L. C. H., Brashares, J. S., Rasolofoniaina, B. J. R. & Kremen, C. 2011.** Benefits of wildlife consumption to child nutrition in a biodiversity hotspot. *Proceedings of the National Academy of Sciences, USA*, 108: 19653-19656.

54. **Goodman, S. M. 1996.** The carnivores of the Réserve Naturelle Intégrale d'Andringitra, Madagascar. In A floral and faunal inventory of the eastern slopes of the Réserve Naturelle Intégrale d'Andringitra, Madagascar: With reference to elevational variation, ed. S. M. Goodman. *Fieldiana: Zoology*, new series, 85: 289-292.

55. **Goodman, S. M. 1996.** A subfossil record of *Galidictis grandidieri* (Herpestidae: Galidiinae) from southwestern Madagascar. *Mammalia*, 60: 150-151.

56. **Goodman, S. M. 2003.** Predation on lemurs. In *The natural history of Madagascar*, eds. S. M. Goodman & J. P. Benstead, pp. 1221-1228. The University of Chicago Press, Chicago.

57. **Goodman, S. M. 2003.** *Galidia elegans*, ring-tailed mongoose. In *The natural history of Madagascar*, eds. S. M. Goodman & J. P. Benstead, pp. 1354-1357. The University of Chicago Press, Chicago.

58. **Goodman, S. M. 2003.** *Galidictis*, broad-striped mongoose. In *The*

*natural history of Madagascar*, eds. S. M. Goodman & J. P. Benstead, pp. 1351-1354. The University of Chicago Press, Chicago.

59. **Goodman, S. M. 2009.** Family Eupleridae (Madagascar Carnivores). In *Handbook of mammals of the world*, Volume 1: Carnivores, eds. D. E. Wilson & R. A. Mittermeier, pp. 330-351. Lynx Edicions, Barcelona.

60. **Goodman, S. M. & Helgen, K. 2010.** Species limits and distribution of the Malagasy carnivoran genus *Eupleres* (Family Eupleridae). *Mammalia*, 74: 177-185.

61. **Goodman, S. M. & Pidgeon, M. 1999.** Carnivora of the Réserve Naturelle Intégrale d'Andohahela, Madagascar. In A floral and faunal inventory of the Réserve Naturelle Intégrale d'Andohahela, Madagascar: With reference to elevational variation, ed. S. M. Goodman. *Fieldiana, Zoology*, new series, 94: 256-268.

62. **Goodman, S. M. & Rakotozafy, L. M. A. 1997.** Subfossil birds from coastal sites in western and southwestern Madagascar: A paleoenvironmental reconstruction. In *Natural change and human impact in Madagascar*, eds. S. M. Goodman & B. D. Patterson, pp. 257-279. Smithsonian Institution Press, Washington, D. C.

63. **Goodman, S. M. & Raselimanana, A. 2003.** Hunting of wild animals by Sakalava of the Menabe region: A field report

from Kirindy-Mite. *Lemur News*, 8: 4–5.

64. **Goodman, S. M. & Soarimalala, V. 2002.** Les mammifères de la Réserve Spéciale de Manongarivo. In Inventaire floristique et faunistique de la Réserve Spéciale de Manongarivo, Madagascar, eds. L. Gautier & S. M. Goodman. *Boissiera*, 59: 382-401.

65. **Goodman, S. M., Langrand, O. & Rasolonandrasana, B. P. N. 1997.** The food habits of *Cryptoprocta ferox* in the high mountain zone of the Andringitra Massif, Madagascar (Carnivore, Viverridae). *Mammalia*, 61: 185-192.

66. **Goodman, S. M., Raherilalao, M. J., Rakotomalala, D., Rakotondravony, D., Raselimanana, A. P., Razakarivony, H. V. & Soarimalala, V. 2002.** Inventaire des vertébrés du Parc National de Tsimanampetsotsa (Toliara). *Akon'ny Ala*, 28: 1-36.

67. **Goodman, S. M., Kerridge, F. J. & Ralisoamalala, R. C. 2003.** A note on the diet of *Fossa fossana* (Carnivora) in the central eastern humid forests of Madagascar. *Mammalia*, 67: 595-598.

68. **Goodman, S. M., Rasoloarison, R. & Ganzhorn, J. U. 2004.** On the specific identification of subfossil *Cryptoprocta* (Mammalia, Carnivora) from Madagascar. *Zoosystema*, 26: 129-143.

69. **Goodman, S. M., Thomas, H. & Kidney, D. 2005.** The rediscovery of *Mungotictis decemlineata*

*lineata* Pocock, 1915 (Carnivora: Eupleridae) in southwestern Madagascar: Insights into its taxonomic status and distribution. *Small Carnivore Conservation*, 33: 1-5.

70. **Goodman, S. M., Soarimalala, V. & Ratsirarson, J. 2005.** Aperçu historique de la population des mammifères des forêts littorales de la province de Toamasina. In Suivi de la biodiversité de la foret littorale de Tampolo, eds. J. Ratsirarson & S. M. Goodman. Centre d'Information et de Documentation Scientifique et Technique, Antananarivo, *Recherches pour le Développement, Série Sciences biologiques*, 22: 61-68.

71. **Goodman, S. M., Ganzhorn, J. U. & Rakotondravony, D. 2008.** Les mammifères. In *Paysages naturels et biodiversité de Madagascar*, ed. S. M. Goodman, pp. 435-484. Muséum national d'Histoire naturelle, Paris.

72. **Gould, L. & Sauther, M. L. 2007.** Anti-predator strategies in a diurnal prosimian, the ring-tailed lemur (*Lemur catta*), at the Beza Mahafaly Special Reserve, Madagascar. In *Primate anti-predator strategies*, eds. S. L. Gursky & K. A. I., pp. 275-288. Springer Press, New York.

73. **Grandidier, G. 1902.** Observations sur les lémuriens disparus de Madagascar: Collections Alluaud, Gaubert, Grandidier. *Bulletin du Muséum d'Histoire Naturelle*, 8: 497-505, 587-592.

74. **Grandidier, G. 1905.** Les animaux disparus de Madagascar. Gisements, époques et causes de leur disparition. *Revue de Madagascar*, 7: 111-128.

75. **Harper, G. J., Steininger, M. K., Tucker, C. J., Juhn, D. & Hawkins, F. 2007.** Fifty years of deforestation and forest fragmentation in Madagascar. *Environmental Conservation*, 34: 1-9.

76. **Hawkins, A. F. A. 1994.** *Eupleres goudotii* in west Malagasy deciduous forest. *Small Carnivore Newsletter*, 11: 20.

77. **Hawkins, A. F. A., Hawkins, C. E. & Jenkins, P. D. 2000.** *Mungotictis decemlineata lineata* (Carnivora: Herpestidae), a mysterious Malagasy mongoose. *Journal of Natural History*, 34: 305-310.

78. **Hawkins, C. E. 1998.** *The behaviour and ecology of the fossa, Cryptoprocta ferox (Carnivora: Viverridae) in a dry deciduous forest in western Madagascar.* Ph.D. thesis, University of Aberdeen, Aberdeen.

79. **Hawkins, C. E. 2003.** *Cryptoprocta ferox*, fossa. In *The natural history of Madagascar*, eds. S. M. Goodman & J. P. Benstead, pp. 1360-1363. The University of Chicago Press, Chicago.

80. **Hawkins, C. E. & Racey, P. A. 2008.** Food habits of an endangered carnivore, *Cryptoprocta ferox, in the dry deciduous forests of western*

*Madagascar. Journal of Mammalogy*, 89: 64-74.

81. **Hawkins, C. E. & Racey, P. A. 2009.** A novel mating system in a solitary carnivore: The fossa. *Journal of Zoology*, 277: 196-204.

82. **Hawkins, C. E., Dallas, J. F., Fowler, P. A., Woodroffe, R. & Racey, P. A. 2002.** Transient masculinization in the fossa, *Cryptoprocta ferox* (Carnivora, Viverridae). *Biology of Reproduction*, 66: 610-615.

83. **Hugh-Jones, M. E. & de Vos, V. 2002.** Antrax and wildlife. *Scientific and Technical Review of the Office International des Epizooties*, 21: 359-383.

84. **IUCN 2007.** *2007 IUCN Red List of Threatened Species.* <www. iucnredlist.org>. Downloaded on 19 September 2007.

85. **IUCN 2011.** *IUCN Red List of Threatened Species.* Version 2011.2. <www.iucnredlist.org>. Downloaded on 5 January 2012.

86. **Jansen van Vuuren, B., Woolaver, L. & Goodman, S. M. 2011.** Genetic population structure in the boky-boky (Carnivora: Eupleridae), a conservation flagship species in the dry deciduous forests of central western Madagascar. *Animal Conservation* doi:10.1111/ j.1469-1795.2011.00498.x.

87. **Jenkins, P. D. & Carleton, M. D. 2005.** Charles Immanuel Forsyth Major's expedition to Madagascar, 1894 to 1896: beginnings of modern systematic study of the island's mammalian

fauna. *Journal of Natural History*, 39: 1779-1818.

88. **Jones, J. P. G., Andriamarovololona, M. M. & Hockley, N. 2008.** The importance of taboos and social norms to conservation in Madagascar. *Conservation Biology*, 22: 976-986.

89. **Kappeler, P. M. 2000.** Lemur origins: Rafting by groups of hibernators? *Folia Primatologica*, 71: 422-425.

90. **Karpanty, S. M. & Wright, P. C. 2006.** Predation on lemurs in the rainforest of Madagascar by multiple predator species: Observations and experiments. In *Primate anti-predator strategies*, eds. S. L. Gursky & K. A. I. Nekaris, pp. 77-99. Springer Press, New York.

91. **Kaudern, W. 1915.** Saugethiere aus Madagaskar. *Arkiv för Zoologi, Stockholm*, 18: 1-101.

92. **Kerridge, F. J., Ralisoamalala, R. C., Goodman, S. M. & Pasnick, S. D. 2003.** *Fossa fossana*, Malagasy striped civet. In *The natural history of Madagascar*, eds. S. M. Goodman & J. P. Benstead, pp. 1363-1365. The University of Chicago Press, Chicago.

93. **Köhncke, M. & Leonhardt, K. 1986.** Cryptoprocta ferox. *Mammalian Species*, 254: 1-4.

94. **Kunstler, J. & Chaine, J. 1906.** Le chat sauvage de Madagascar. *Procès-verbaux des séances de la Société des Sciences physiques et naturelles de Bordeaux*, 1905-1906, 27-28.

95. **Lamberton, C. 1930.** Contribution à la connaissance de la faune subfossile de Madagascar. Notes IV-VII. Lémuriens et Cryptoproctes. *Mémoires l'Academie Malgache*, 27: 1-203.

96. **Lamberton, C. 1936.** Fouilles paléontologiques faites en 1936. *Bulletin de l'Academie Malgache*, nouvelle série, 19: 1-19.

97. **Landeroin, J. 1925.** *Contes malgaches autour du Dzire*. Libraire Delagrave, Paris.

98. **Larkin, P. & Roberts, M. 1979.** Reproduction in the ring-tailed mongoose *Galidia elegans* at the National Zoological Park, Washington. *International Zoo Yearbook*, 19: 188-193.

99. **Lavauden, L. 1929.** Sur un nouveau Carnivore malgache du genre *Eupleres*. *Comptes rendus de l'Académie des Sciences*, Paris, 189: 197-199.

100. **Leclaire, L., Bassias, Y., Clocchiatti, M. & Segoufin, J. 1989.** La Ride de Davie dans le Canal de Mozambique : Approche stratigraphique et géodynamique. *Compte Rendu de l'Académie des Sciences de Paris*, série II, 308: 1077-1082.

101. **Louvel, M. 1954.** Quelques observations sur le "fosa". *Bulletin l'Académie malgache*, 31: 45-46.

102. **Lührs, M.-L. & Dammhahn, M. 2010.** An unusual case of cooperative hunting in a solitary carnivore. *Journal of Ethology*, 28: 379-383.

103. **MacPhee, R. D. E. 1986.** Environment, extinction, and Holocene vertebrate localities in southern Madagascar. *National*

*Geographic Research*, 2: 441-455.

104. **Mahazotahy, S., Goodman, S. M. & Andriamanalina, A. 2006.** Notes on the distribution and habitat preferences of *Galidictis grandidieri* Wozencraft, 1986 (Carnivora: Eupleridae), a poorly known endemic species of south-western Madagascar. *Mammalia*, 70: 328-330.

105. **Marquard, M. J. H., Jeglinski, J. W. E., Razafimahatrata, E., Ratovonamana, Y. & Ganzhorn, J. U. 2011.** Distribution, population size and morphometrics of the giant-striped mongoose *Galidictis grandidieri* Wozencraft 1986 in the sub-arid zone of south-western Madagascar. *Mammalia*, 75: 353-361.

106. **Matsebula, S. N., Monadjem, A., Roques, K. G. & Garcelon, D. K. 2009.** The diet of the aardwolf, *Proteles cristatus* at Malolotja Nature Reserve, western Swaziland. *African Journal of Ecology*, 47: 448-451.

107. **Matthew, W. D. 1909.** The Carnivora and Insectivora of the Bridger Basin, middle Eocene. *Memoirs of the American Museum of Natural History*, 9: 289-567.

108. **McCall, R. A. 1997.** Implications of recent geological investigations of the Mozambique Channel for the mammalian colonization of Madagascar. *Proceedings of the Royal Society of London*, 264: 663-665.

109. **Mech, L. D. 1970.** *The wolf: Ecology and behavior of an endangered species*. Doubleday, New York.

110. **Muldoon, K. M., de Blieux, D. D., Simons, E. L. & Chatrath, P. S. 2009.** The subfossil occurrence and paleoecological significance of small mammals at Ankilitelo Cave, southwestern Madagascar. *Journal of Mammalogy*, 90: 1111-1131.

111. **Mutschler, T., Randrianarisoa, A. J. & Feistner, A. T. C. 2001.** Population status of the Alaotran gentle lemur *Hapalemur griseus alaotrensis*. *Oryx*, 35: 152-157.

112. **Nicoll, M. E. & Langrand, O. 1989.** *Madagascar: Revue de la conservation et des aires protégées*. Fonds Mondial pour la Nature, Gland.

113. **Patel, E. 2005.** Silky sifaka predation (*Propithecus candidus*) by a fossa (*Cryptoprocta ferox. Lemur News*, 10: 25-27.

114. **Peters, G. 2002.** Purring and similar vocalizations in mammals. *Mammal Review*, 32: 245-271.

115. **Petter, G. 1974.** Rapports phylétiques des viverrides (Carnivores Fissipedes). Les formes de Madagascar. *Mammalia*, 38: 605-636.

116. **Petit, G. 1935.** Description d'un crâne de Cryptoprocte subfossile, suivie de remarques sur les affinités de genre *Cryptoprocta*. *Archives Muséum national d'Histoire naturelle, Paris*, 12: 621-636.

117. **Pidgeon, M. 1996.** *An ecological survey of Lake Alaotra and wetlands of Central and Eastern Madagascar in analyzing the demise of Madagascar*

pochard Aythya innotata. Missouri Botanical Gardens, Antananarivo.

118. **Polly, P. D., Wesley-Hunt, G. D., Heinrich, R. E., Davis, G. & Houde, P. 2006.** Earliest known carnivoran auditory bulla and support for a recent origin of crown-group Carnivora (Eutheria, Mammalia). *Palaeontology*, 49: 1019-1027.

119. **Poux, C., Madsen, O., Marquard, E., Vieites, D. R., De Jong, W. W. & Vences, M. 2005.** Asynchronous colonization of Madagascar by the four endemic clades of primates, tenrecs, carnivores, and rodents as inferred from nuclear genes. *Systematic Biology*, 54: 719-730.

120. **Powzyk, J. 1997.** *The socio-ecology of two sympatric indrids,* Propithecus diadema diadema *and* Indri indri*: A comparison of feeding strategies and their possible repercussions on species-specific behaviors.* Ph.D. thesis, Duke University, Durham.

121. **Projet ZICOMA. 1999.** Les zones d'importance pour la conservation des oiseaux à Madagascar. Projet ZICOMA, Antananarivo.

122. **Rabeantoandro, Z. S. 1997.** *Contribution à l'étude du* Mungotictis decemlineata *(Grandidier 1867) de la forêt de Kirindy, Morondava.* Mémoire de DEA, Université d'Antananarivo, Antananarivo.

123. **Radimilahy, C. 1997.** Mahilaka, an eleventh- to fourteenth century Islamic port: The first impact of urbanism on Madagascar. In *Natural change and human impact in Madagascar,* eds. S. M. Goodman & B. D. Patterson, pp. 342-263. Smithsonian Institution Press, Washington, D.C.

124. **Rahajanirina, L. P. 2003.** *Contribution à l'étude biologique, écologique et éthologique de* Cryptoprocta ferox *(Bennett 1883 dans la région du lac Tsimaloto, du Parc National d'Ankarafantsika, Madagascar.* Mémoire de DEA, Université d'Antananarivo, Antananarivo.

125. **Rakotozafy, L. M. A. 1996.** *Etude de la constitution du régime alimentaire des habitants du site de Mahilaka du XIè au XIVè siècle à partir des produits de fouilles archéologiques.* Doctorat de Troisième Cycle, Université d'Antananarivo, Antananarivo.

126. **Rakotozafy, L. M. A. & Goodman, S. M. 2005.** Contribution à l'étude zooarchéologique de la région du Sud-Ouest et extrême Sud de Madagascar, basée sur des collections du Musée d'Art et d'Archéologie d'Antananarivo. *Taloha,* 14-15, http://www.taloha. info/document.php?id=181

127. **Rand, A. L. 1935.** On the habits of some Madagascar mammals. *Journal of Mammalogy,* 16: 89-104.

128. **Rasamison, A. A. 1997.** *Contribution à l'étude biologique, écologique et éthologique de* Cryptoprocta ferox *(Bennett, 1833) dans la forêt de Kirindy à Madagascar.* Mémoire de DEA, Université d'Antananarivo, Antananarivo.

129. **Rasoloarison, R. M., Rasolonandrasana, B. P. N.,**

Ganzhorn, J. U. & Goodman, S. M. 1995. Predation on vertebrates in the Kirindy Forest, western Madagascar. *Ecotropica*, 1: 59-65.

130. Rasolonandrasana, B. P. N. 1994. *Contribution à l'étude de l'alimentation de* Cryptoprocta ferox *Bennett 1833 dans son milieu naturel.* Mémoire de DEA, Université d'Antananarivo, Antananarivo.

131. Ratovonamana, Y. R., Rajeriarison, C., Edmond, R. & Ganzhorn, J. U. 2011. Phenology of different vegetation types in Tsimanampetsotsa National Park, south-western Madagascar. *Malagasy Nature*, 5: 14-38.

132. Ravoahangy, A., Raveloson, B. A., Raminoarisoa, V. M. & Safford, R. 2011. Notes on the carnivores of Tsitongambarika Forest, Madagascar, including the behavior of a juvenile eastern falanouc *Eupleres goudotii*. *Small Carnivore Conservation*, 45: 2-4

133. Razafimanantsoa, L. 2003. *Mungotictis decemlineata*, narrow-striped mongoose. In *The natural history of Madagascar*, eds. S. M. Goodman & J. P. Benstead, pp. 1357-1360. The University of Chicago Press, Chicago.

134. Ryan, J. M., Creighton, G. K. & Emmons, L. H. 1993. Activity patterns of two species of *Nesomys* (Muridae: Nesomyinae) in a Madagascar rain forest. *Journal of Tropical Ecology*, 9: 101-107.

135. Safford, R. J. & Duckworth, J. W. (eds.). 1990. A wildlife survey of Marojejy Reserve, Madagascar. ICBP study report 40. International Council for Bird Preservation, Cambridge.

136. Savolainen, P., Zhang, Y. P., Luo, J., Lundeberg, J. & Leitner, T. 2002. Genetic evidence for an East Asian origin of domestic dogs. *Science*, 298: 1610-1613.

137. Schluter, D. 2000. *The ecology of adaptive radiation*. Oxford University Press, Oxford.

138. Simpson, G. G. 1945. The principles of classification and a classification of the mammals. *Bulletin of the American Museum of Natural History*, 85: 1-350.

139. Simpson, G. G. 1952. Probabilities of dispersal in geologic time. *Bulletin of the American Museum of Natural History*, 99: 163-76.

140. Soarimalala, V. & Goodman, S. M. 2011. *Les petits mammifères de Madagascar.* Association Vahatra, Antananarivo.

141. Sommer, S., Toto Volahy, A. & Seal, U. S. 2002. A population and habitat variability assessment for the highly endangered giant jumping rat (*Hypogeomys antimena*), the largest extant endemic rodent of Madagascar. *Animal Conservation*, 5: 263-273.

142. Sovey, K. C., Dollar, L., Kerridge, F., Barber, R. C. & Louis Jr., E. E. 2001. Characterization of seven microsatellite marker loci in the Malagasy civet (*Fossa fossana*). *Molecular Ecology Notes*, 1: 25-27.

143. **Sreedevi, M. B. & Balakrishnan, M. 2006.** Intestinal parasites and diseases among the Small Indian Civet *Viverricula indica* (E. Geoffroy St Hilaire). *Small Carnivore Conservation*, 34 & 35: 26-28.

144. **Stiles, D. 1998.** The Mikea hunter-gatherers of southwest Madagascar: Ecology and socioeconomics. *African Study Monographs,* 19: 127-148.

145. **Tate, G. H. H. & Rand, A. L. 1941.** A new *Galidia* (Viverridae) from Madagascar. *American Museum Novitates*, 1112: 1.

146. **Vanak, A. T. & Gompper, M. E. 2009.** Dogs *Canis familiaris* as carnivores: Their role and function in intraguild competition. *Mammal Review*, 39: 265-283.

147. **Vérin, P. 1971.** Les anciens habitats de Rezoky et d'Asambalahy. *Taloha*, 4: 29-49.

148. **Willis, I. 1895.** The fosa (*Cryptoprocta ferox* Benn.). *The Antananarivo Annual*, 19: 378-379.

149. **Woolaver, L., Nichols, R., Rakotombololona, W. F., Volahy, A. T. & Durbin, J. 2006.** Population status, distribution and conservation needs of the narrow-striped mongoose *Mungotictis decemlineata* of Madagascar. *Oryx*, 40: 67-75.

150. **Wozencraft, W. C. 1986.** A new species of striped mongoose from Madagascar. *Journal of Mammalogy*, 67: 561-571.

151. **Wozencraft, W. C. 1987.** Emendation of species name. *Journal of Mammalogy*, 68: 198.

152. **Wozencraft, W. C. 1990.** Alive and well in Tsimanampetsotsa. *Natural History Magazine*, 12/90: 28-30.

153. **Wozencraft, W. C. 2005.** Order Carnivora. In *Mammal species of the World: A taxonomic and geographic reference*, 3rd edition, D. E. Wilson & D. M. Reeder, pp. 532-628. Johns Hopkins University Press, Baltimore.

154. **Wright, P. C., Heckscher, S. K. & Dunham, A. E. 1997.** Predation on Milne-Edward's sifaka (*Propithecus diadema edwardsi*) by the fossa (*Cryptoprocta ferox*) in the rain forest of southeastern Madagascar. *Folia Primatologica*, 68: 34-43.

155. **Yoder, A. D., Burns, M. M., Zehr, S., Delefosse, T., Veron, G., Goodman, S. M. & Flynn, J. J. 2003.** Single origin of Malagasy Carnivora from an African ancestor. *Nature*, 421: 734-737.

# INDEX

Index des noms scientifiques de Carnivora et autres plantes et animaux mentionnées dans le texte. Les chiffres en **gras** correspondent aux numéros de pages relatives aux informations détailles de chaque espèce autochtones.